现 代 科 普 博 览 丛 书

光合作用与光电化学

GUANGHE ZUOYONG YU GUANGDIAN HUAXUE

杨天华 编

黄河水利出版社
· 郑州 ·

图书在版编目(CIP)数据

光合作用与光电化学/杨天华编.—郑州:黄河水利出版社,2016.12 (2021.8 重印)
(现代科普博览丛书)
ISBN 978-7-5509-1471-1

Ⅰ.①光… Ⅱ.①杨… Ⅲ.①光合作用-青少年读物 ②光电化学效应-青少年读物 Ⅳ.①Q945.11-49 ②O436-49

中国版本图书馆CIP数据核字(2016)第175283号

出版发行:黄河水利出版社
社　　址:河南省郑州市顺河路黄委会综合楼14层
电　　话:0371-66026940　　邮政编码:450003
网　　址:http://www.yrcp.com

印　　刷:三河市人民印务有限公司
开　　本:787mm × 1092mm　1/16
印　　张:8.25
字　　数:120千字
版　　次:2016年12月第1版　　2021年8月第3次印刷
定　　价:39.90元

目　录

一、神奇的光合作用

（一）光合作用的含义

在阐明植物光合作用的重要性前，首先应了解什么是光合作用。简单地说，光合作用是绿色植物包括光合细菌所特有的生命现象，它是地球上最重要的化学反应，也是地球上最大规模地把太阳光能转化为生物化学能的过程。以绿色植物为例，光合作用就是用太阳光能作动力，把二氧化碳（CO_2）和水（H_2O）等无机物合成为有机物，并释放出氧气（O_2）的过程。这一过程的总反应式可用下式表示：

$$CO_2 + H_2O \xrightarrow[\text{绿色植物(或叶绿体)}]{\text{光}} (CH_2O) + O_2\uparrow$$

这个反应式说明，绿色植物在光合作用过程中能利用太阳光能，将水分子作为还原剂去还原来自大气中的二氧化碳，并形成以（CH_2O）为代表的碳水化合物（如糖和淀粉等）。同时水分子被氧化而释放出氧气。可见，整个光合作用过程实际上是一种氧化还原反应，即二氧化碳被还原，而水被氧化。同时光合作用也是一个吸能反应，它每固定和还原1克分子的二氧化碳，可固定并贮存于光合产物中的能量为114千卡自由能（1千卡=4.18585千焦耳），相当于477.2千焦耳能量，这些能量实际上来自太阳光能。因此，通过绿色植物的光合作用，便把太阳光能转化为贮存于植物体内的化学能了。

在自然界中,植物的种类繁多,就高等植物(包括苔藓植物、蕨类植物、裸子植物和被子植物)而言,我国就有大约3万多种,全世界多达25万种以上。而且绿色植物在数量上占有绝对优势。这显然与它们具有光合作用能力密切相关。因为光合作用所利用的能量,实际上是取之不尽用之不竭的太阳光能,而所利用的原料则是广泛分布于地球表面的水和大气层中的二氧化碳。由于光合作用所需的能量和原料容易获得,这便决定了绿色植物分布广泛,繁衍迅速,数量巨大。

(二) 光合作用与人类生活的关系

人类和一切需氧生物要生存就一刻也不能离开呼吸,即不断地吸收氧气,呼出二氧化碳。人类与需氧生物通过呼吸利用大气中的氧气把体内的碳水化合物和其他有机物质氧化,并释放出能量。这种能量通常以高能化合物(如三磷腺苷,可用ATP表示)的形式出现,然后被生物体用于各种耗能的新陈代谢,如维持各器官的生命活动,体内新物质的合成、渗透,电信号的传递以及肌肉收缩和运动等,以满足生物有机体维持正常生长和发育对能量的需求。被氧化的有机物实际上最终是来自光合作用的产物,因此,光合作用与呼吸作用之间存在着能量转换和气体交换。

我们知道,人类和一切需氧生物要生存绝对离不开氧气,而氧气恰恰是绿色植物在光合作用过程中释放出来的。因此,如果没有光合作用便等于失去产生氧的源泉,人类和一切需氧生物便不复存在。

人类要生存除需要氧气外,还离不开衣、食、住、行。而衣、食、住、行所需要的物质,绝大部分来自植物的光合产物。人们每天都要吃的粮食、蔬菜、水果和植物油等都是植物在光合作用过

程中形成的碳水化合物,或由碳水化合物经植物本身加工转化而成,它们都是植物光合作用的直接产物或间接产物。动物和一切异养生物,它们不能直接把太阳光能作为能源加以利用,它们要生存,就必须以植物为饲料。例如,家禽和牲口都是以植物为饲料而生存的;江河、湖泊和海洋中的鱼、虾等水生动物也无一例外地要靠吃水生植物和浮游生物才能生存。即便是肉食动物,如虎、豹和狮子等,它们也得靠吃以植物为生的其他动物才能生存。可见,动物蛋白和脂肪。实际上都是光合作用的间接产物,是通过动物转化光合产物而形成的,然后再供人类利用。这说明,人类的食物来源都是植物光合作用的直接或间接产物。

人类在生活和从事各种生产活动中,需要不断消耗各种燃料以取得能源。随着人口与日俱增、人民生活水平的日益提高和工农业生产的发展,城市和农村对燃料的需求量不断增加。燃料除来自光合作用的直接产物(如人们通常使用的柴草)外,还有煤、石油和天然气等矿物燃料,而这些矿物燃料也是几百万年前陆生和水生动、植物遗体的分解产物,它们同样是古代植物光合作用的直接或间接产物。

各种纺织品不仅是人们保暖的必需品,而且是美化环境、使人们的生活丰富多彩的装饰品。这些纺织品的原料来源于植物纤维(如棉花、苘麻等)、动物性纤维(如羊毛)和人造纤维。前者是植物光合作用的直接产物,后二者虽然来自动物或以石油、煤等为原料人工合成,但寻根究底它们最终仍然是光合作用的产物。

人们治病所用的中草药直接来自植物,是光合作用的产物,即使以动物器官和产品为原料的药物,也同样是植物光合作用的间接产物。

农业生产通常分为种植业和畜牧业两大部门。农业上的各种生产措施实际上是通过调节作物的光能利用、光合作用进程和光合产物的分配而达到高产的。显而易见,种植业的发展、农作物产量的提高离不开植物的光合作用;畜牧业的发展离不开草场和植物饲料,也与植物的光合作用紧密相关。

人们的住房、家具、车辆、厂房以及工业上的许多原料都是植物光合作用的产物。

上述事实雄辩地说明,如果没有植物及其光合作用,人类和其他生物就无法生存,当然就更谈不上人类的发展和社会的进步了。

(三) 光合作用与碳素和气体循环

任何生物(包括植物和动物)都有呼吸作用,在有氧呼吸过程中,除释放供生物生长发育所需要的能量外,还不断地向大气排出二氧化碳,与此同时要消耗大量氧气。例如,一位成年人每天大约要吸入0.76千克氧气,而呼出0.9千克二氧化碳。有些厌氧生物虽然不需要氧气,但是,它们在无氧呼吸获得能量的过程中,同样也不断地向大气排放二氧化碳。有机物在分解和腐烂过程中也会不断地排出二氧化碳。人类在生产活动和生活过程中,要不断地消耗各种形式的有机碳和燃料,以取得所需要的物质和能量,而燃料在燃烧时,一方面消耗大量氧气,另一方面放出大量二氧化碳。据估计,在地球表面上,平均每秒钟用于生物呼吸和燃料燃烧所消耗的氧气大约为1×10^7千克。按此速度进行下去,目前地球大气层中的氧气大约只能供使用3000年。

随着氧气和有机物质的大量被消耗,大气中的二氧化碳并没有不断增加。实际上大气中氧气(约占21%)和二氧化碳(约占0.035%)的含量总是大体保持稳定,而且地球上的有机物质也没有因不断地被大量消耗而丧失殆尽,这应完全归功于绿色植物的

光合作用。因为光合作用过程恰恰与上述的生物呼吸作用、燃料燃烧和有机物分解或腐烂过程相反，它以太阳光能为动力，不断地把水和空气中的二氧化碳合成为碳水化合物等有机物质，并释放出氧气。例如，每公顷（等于15亩）森林或公园绿地，每天可分别吸收1000千克和900千克二氧化碳，而分别释放出730千克和600千克氧气，这样便不至于让二氧化碳在大气中大量积累，同时又可不断地补充因生物生存和燃料燃烧所消耗掉的有机物和氧气，使自然界维持碳素循环和大气中二氧化碳与氧气之间的循环，以保证地球上的物质循环和大气环境不致遭受破坏。据估计，大气中的全部二氧化碳和氧气分别每300年和每2000年通过植物光合作用更新一次。

（四）光合作用与氮、磷、硫等的循环

人类和动物在生命活动中要不断地向外界排放氮、磷、硫等各种元素。此外，人和其他生物的尸体经微生物作用而分解和腐烂，使有机物不断矿质化，也不断地把这些元素释放出来。这些元素如果不及时被清除，在自然界大量堆积，会使人类和其他生物的生存环境日益恶化，甚至威胁人类和其他生物的生存。

而植物在生长发育中，为满足营养的需求，必须不断地通过它们的根系吸收各种元素，与此同时，它们还通过光合作用把这些元素转化成有机物质的组成成分，使上述的各种元素以及钾、钙、镁等许多元素再次参与植物的营养循环和物质循环。这样，一方面保证了植物生长发育和光合作用的物质需要，另一方面可不断地清除环境中累积的各种元素。

例如，按植物体中碳的含量为42%、氮的含量为1%～2%、磷的含量为0.20%～0.25%、硫的含量为0.25%～0.50%计算，每年通过植物光合作用引入碳循环的氮、硫和磷元素大约分别为6×10^{12}

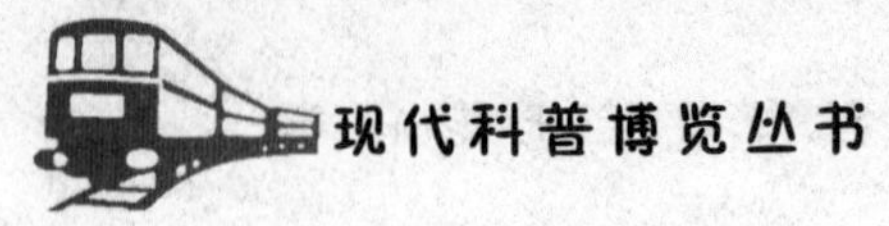

千克、8.5×10^{11}千克和8.5×10^{11}千克，由这些元素和其他元素所构成的各种有机物再被人类和其他生物利用，使自然界的元素循环反复无限地进行下去，同时使生态环境保持平衡，为人类和其他生物创造良好的生存环境。

（五）光合作用与生命起源和生物演化

绿色植物的光合作用为人类提供了绝大部分生活必需品和能源，以及适宜生存的环境，并为植物本身和一切异养生物提供了赖以生存的条件。然而，它的作用远不止这些。它对生命起源和生物演化同样起着极为重要的作用。

地球上最初并没有生命存在，那时大气中和地球表面上只有氢、氨、硫化氢和一些简单的碳水化合物，唯独没有氧气。随着地球的演化，在雷电和太阳光紫外线的作用下，逐渐形成一些较复杂的有机化合物，如氨基酸、多肽和卟啉等。同时，水在具有高能量的紫外光和雷电的作用下，发生光分解和电解，形成少量的自由态氧。这种化学演变发展到一定阶段，便逐步产生一些既能同化较简单的分子，又能复制自己的比较复杂的分子，于是地球上开始出现有生命的物质，这种有生命物质的出现是地球几十亿年演化进程中的一个巨大转折。

有生命的物质出现后，它们要继续生存，就需要不断地消耗当时存在的、由非生物形成的有机物。然而，靠化学演化所形成的有机物质远远不能满足它们的需要。因此，在那些有生命的原始生物中便逐渐产生能够直接利用太阳光能的"突变体"，这对于生物的生存和发展具有决定性作用。但是，这些具有光合功能的自养生物（可能是光合细菌）在利用太阳光能同化二氧化碳制造有机物时，只能利用靠化学演化形成的还原剂——硫化氢或氢气这类还原性气体，这同样不能满足它们生存和发展的需要。因

此，在演化过程中，便出现既能直接以太阳光能为能源，又能直接以水为能源来还原二氧化碳，制造有机物的新的“突变种”，这就是植物。植物的出现使地球的演化和生物的进化都发生了巨大的飞跃，这是因为植物突破了依赖氢气或硫化氢来还原二氧化碳的限制，使光合作用合成有机物可以大规模地进行。植物在光合作用过程中不断分解水，满足了还原二氧化碳时所需要的氢源，而释放出的大量氧气，为生物的演化提供了足够的物质和氧气，从而大大促进了生物的进化。

地球大气层中氧气的积累，不仅使生物从利用能量效率很低的无氧呼吸进化到利用能量效率很高的有氧呼吸，为进化出需要更多能量、结构复杂的生物创造条件，而且使大气中有足够的氧气用于转化为臭氧，后者的出现和大量形成，使大气上层形成一个天然屏障。这个天然屏障可以有效地滤去太阳辐射中对生物有强烈损伤和破坏作用的紫外线，这对生物的进化无疑具有极为深刻的意义。由于臭氧层对生物具有良好的保护作用，使它们不再像过去那样依赖水层（水可大量吸收紫外线）的保护而局限于生活在水中，而是开始登上陆地生活、繁殖和进一步演化，结果使地球上逐渐形成了种类繁多的植物界和动物界。

可见，如果没有植物以及它们的光合作用为生物演化提供所需的物质和能量以及氧气，生物的进化就会受到极大限制，也许至今地球上的生物还处于极其原始的阶段，地球表面也不能演变出现存的千姿百态的地貌和形成丰富多彩的各种矿物资源。植物光合作用如此重要，那么人们是如何发现光合作用的呢？

（六）光合作用的发现过程

人们对植物光合作用这一重要生命现象的发现，以及对光合作用总反应式的认识，经历了由表及里的漫长过程，是各国科学家共同努力的结果。

众所周知，一颗种子播种在土壤中，在适宜的条件下便可萌发生长。有的可长成高达数十米的参天大树；有的在其最适合生长的季节里具有惊人的生长速度。如玉米在拔节期每天大约可长高8厘米，而大牡竹曾有一天增高41厘米的记录。那么，植物生长所需的营养物质是从哪里来的？

两千多年前，人们受古希腊著名哲学家亚里士多德的影响，认为植物体是由“土壤汁”构成的，即植物生长发育所需的物质完全来自土壤。到17世纪上半叶，比利时医生海尔蒙脱设计了一个巧妙的实验：他把一棵称过重的柳树种植在一桶事先称好重量的土壤中，然后只用雨水浇灌而不供给任何其他物质。5年后，他发现这棵柳树的重量竟是刚栽种时的33.8倍，而土壤的重量只减少62.2克。因此，他认为构成植物体的物质来自水，而土壤只供给极少量的物质。这个结论首先提出了水参与植物体有机物质合成的观点，但是没有考虑到空气对植物体有机物质形成所起的作用。

早在1637年，我国明代科学家宋应星在《论气》一文中，已注意到空气和植物的关系，提出“人所食物皆为气所化，故复于气耳”。可惜因受当时科学技术水平的限制，未能用实验来证明这一精辟的论断。直到1727年，英国植物学家斯蒂芬·黑尔斯才提出植物生长时主要以空气为营养的观点。而最先用实验方法证明绿色植物从空气中吸收养分的是英国著名的化学家约瑟夫·普利斯特利。他还证明植物能“净化”因燃烧或动物呼吸而变得污浊的空气，使空气变好。这就是后来人们才知道的植物在光合作用中释放出氧气的缘故。然而他却把这种现象归因于植物缓慢的生长过程，而没有认识到光在此过程中的重要作用。由于他的杰出贡献和实验完成于1771年，因此，现在把这一年定为发现光合作用的年份。

随后有人重复普利斯特利的实验，但却得出与他相反的结论，认为植物不仅不能把空气变好，反而会把空气变坏(这是由于植物同样有呼吸作用的缘故)。这种截然不同的结论引起人们的极大关注，导致了1779年荷兰的简·英格豪斯进行一系列实验，他的实验证实了普利斯特利的实验结果，确认植物对污浊的空气有“解毒”能力，同时指出这种能力不是由于植物生长缓慢所致，而是太阳光照射植物的结果，从而证明绿色植物只有在光下，才能把空气变好。同时他发现植物有很强的释放气体的能力(这就是后来人们知道的植物在光下进行光合作用时放出氧气的结果)，而且这种能力的活性与天气的晴朗程度尤其与植物受光照的强度成正相关。他还证明植物在暗中不仅不能“净化”空气，反而会像动物一样把好空气变坏(这是后来知道的在暗中植物呼吸会释放出二氧化碳的缘故)。他通过进一步实验发现，只有叶片和绿色的枝条在阳光下才有改善空气的作用，而其他所有器官即使在白天也会使空气变坏。这些实验结果为后来人们认识植物绿色部分和光在植物光合作用中的重要性奠定了基础。

1782年，瑞士的牧师吉恩·森尼别在化学分析的基础上，指出植物“净化”空气的活性，除与光照密切相关外，还取决于所“固定的空气”(即后来知道的二氧化碳)。但是由于受当时气体化学发展水平的限制，对植物在光下和暗中所释放的气体究竟分别属于何种气体仍然不清楚。直到1785年，在弄清空气的组成成分后，人们才明确认识到植物的绿色部分在光下释放出的气体为氧气，而植物各器官(包括绿色部分)在呼吸过程释放的气体是二氧化碳。到此时，人们对植物光合作用与气体间的关系才有较深刻的认识。

关于植物在光下放氧，我们可以用如下的简单实验加以证明：剪取生长旺盛的几枝金鱼藻嫩枝(长度约10厘米)，置于事先盛有清水的大烧杯中，再在藻体上罩一个大漏斗，烧杯中的水面应高于漏斗柄，在有条件的情况下，可同时注入少量0.2%的碳酸氢钾溶液，目的是增加水中二氧化碳的含量，然后在漏斗柄上，套一支事先已用橡皮塞塞紧上端、用石蜡或凡士林密封好并且装满水的玻璃管。完成上述工作后，把烧杯置于温度较高并且光线充足的地方，便可以观察到有成串气泡（即金鱼藻在光下进行光合作用时释放的氧气）逸入试管中，使试管中的水面下降。

虽然当时人们对光合作用与气体间的关系有较深刻的认识，但是，对植物在光合作用中吸收的二氧化碳和释放的氧气之间的数量关系仍然不清楚。1804年，瑞士学者德·索苏尔研究了植物光合作用过程中吸收的二氧化碳与放出的氧之间的数量关系，结果发现植物制造的有机物和释放出的氧的总量，远远超过它们所吸收的二氧化碳的量。由于实验中使用植物、空气和水，别无他物，因此，他断定植物在进行光合作用合成有机物时不仅需要二氧化碳，水也必然是光合作用的原料。此结论不仅证实了海尔蒙脱关于柳树生长过程中合成植物体的物质主要来自水的推论，而且把人们对光合作用本质的认识提高到一个崭新的阶段。

1864年，德国科学家，萨克斯又证明光合作用的产物除氧气外，还有有机物。此时，人们对植物在光合作用过程中吸收二氧化碳，释放出氧气并把二氧化碳和水合成有机物已确信无疑了。因此，最终确定了至今人们还在沿用的光合作用总反应式。然而，当时对于氧气是从绿色部分的什么部位释放出来的尚不清楚。1880年，德国学者恩吉尔曼用具有螺旋形叶绿体的水绵（一种绿藻）做实验。当他把放有水绵和嗜氧细菌悬浮液的载玻片置于没有空气的小室里，然后照光，结果发现嗜氧细菌向被光点照射的叶绿体部位附近集中，这便有力地证明了植物光合作用的放氧机构是叶绿体。

二、光合作用的工作场所

凡是植物的绿色部分在光下都能进行光合作用。例如，禾本科植物绿色的叶鞘、茎秆，甚至稻麦类穗子的绿色护颖和芒，豆科植物绿色的茎秆、叶柄和豆荚等都有从事光合作用的能力。然而，在通常情况下，植物的叶片是最重要的光合作用器官，因此，人们常形象地把叶片比喻为“绿色工厂”。

由于自然界的植物种类繁多，因此，它们的叶片也千姿百态。尽管不同植物的叶子形状各异，但它们也有共同之处，例如绝大多数叶片是扁平的，这对于植物展现出更大的叶面积，用于接受作为光合作用原动力的太阳光能，以及从空气中吸收光合作用原料的二氧化碳是有重要作用的。既然光合作用的主要器官是叶片，那么要了解光合作用到底是怎么回事，首先就应该了解它们的结构。这就像要了解一台机器的功能，得先知道机器的形状，由哪些部件构成，各部件之间的关系以及它们是如何协同工作的道理一样。

（一）叶片的结构

叶片的形态千差万别，但是它们内部的基本结构却十分相似。叶片有上、下表皮之分，上表皮是向着阳光的一面，又称为腹面；下表皮则是背着阳光的一面，称为背面，它们都是由表皮细胞组成的。在叶片表面（尤其是上表面）往往有一层蜡状的角质层，以减少叶片丧失水分。上、下表皮上分布着许多称为气孔的小孔，通常下表皮的气孔数目居多。在阳生草本植物中，叶片上表皮的气孔数约为下表皮的一半。在阴生草本植物中，上表皮的气孔数目仅为下表面的十分之一左右。有的植物，如蕨类植物、一些乔木和灌木，它们的气孔几乎全分布在叶片的下表皮上。

叶面上气孔的总表面积大约占它们所在叶片面积的1%。气孔通常由两个保卫细胞和它们之间的小孔组成。叶片的表皮细胞中不含叶绿体，而保卫细胞却与众不同，它含有可进行光合作用合成有机物的叶绿体，但它们最重要的功能是控制气孔的开闭。因此，可把它们视为"绿色工厂"的"大门"。因为在进行光合作用时，外界的二氧化碳进入叶片和氧气从叶片中释放出来都要通过气孔这个门户。此外，气孔也是植物进行蒸腾作用时散失水分的主要通道。植物的蒸腾不仅对根系进行被动吸水时拉力的形成有十分重要的作用（这有利于冠层叶片得到充足的水分供应），而且通过蒸腾散热使叶片不至于被强烈阳光灼伤。当气孔充分开放时，叶片内、外的气体便可畅通无阻地进行交换，以保证叶片进行光合作用时对原料——二氧化碳的需求。要维持每平方米的叶面积进行正常光合作用，每小时大约需要10～20立方米的空气进出叶片，而充分开放的气孔完全能胜任这一繁重任务。

那么，保卫细胞又是如何控制气孔的开闭呢？组成气孔的一对半月形保卫细胞，其细胞壁各部分的厚薄不等，一般是围绕小孔的那一部分细胞壁较厚，其余部分较薄。当植物的蒸腾作用加剧时，随着植物体内水分的丧失，保卫细胞也随之失水，这时细胞膨压变小，细胞外侧的薄壁部分不再向外膨大，于是内侧的厚壁部分因缺少拉力而松弛便朝内侧（小孔的方向）运动，结果使两个保卫细胞紧贴在一起，这时气孔便关闭，从而使植物的蒸腾作用大大减弱，这样植物便不会因严重失水而停止光合作用。

当水分供应充足时，保卫细胞吸水，细胞膨压增大，于是细胞外侧的薄壁部分便向外延伸膨大起来，从而把细胞内侧的厚壁部分往外侧拉，结果使气孔打开。在夜间不进行光合作用时或在不

利的气候条件下（如高温、炎热和干旱等天气）气孔也会关闭，以防止水分丧失，有利于保持植物体内的水分平衡。可见，根据植物体内的水分状态，以及外界的气候条件，植物能通过气孔运动来控制植物体内与外界的气体交换，以维持叶片正常的光合作用，而且又不至于造成水分过量损失。除了水分和温度能影响气孔的开、闭和开闭程度，气孔的运动还受光和二氧化碳浓度等外界因子影响。

叶片上、下表皮之间是叶肉组织。靠上表皮的叶肉细胞称为栅栏组织，通常由1层细胞组成，但也有由2～3层细胞组成的，如苹果和茶叶等植物的叶片就属于后一种情况。栅栏组织的细胞呈柱状，排列较为紧密、整齐，细胞间隙较小，这些特点有利于叶片充分吸收光能以满足光合作用时对光能的需求，以及便于进入细胞间隙的二氧化碳扩散到细胞内供光合作用利用。靠近下表皮的叶肉细胞称为海绵组织，它们的细胞排列较疏松而且不规则，细胞间的空隙较大，这有利于进入气孔的二氧化碳迅速转移到叶肉内部。

叶肉细胞中都含有叶绿体，这些绿色小颗粒可通过光学显微镜进行观察。一个叶肉细胞通常含有几十个甚至几百个叶绿体，其中以栅栏组织细胞中所含叶绿体的数量居多，大约占叶肉细胞

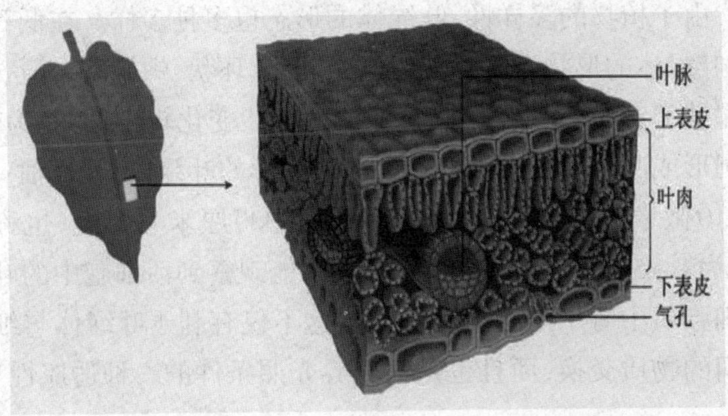

总叶绿体数的80%，例如，在蓖麻的叶片中，每平方毫米表面积的栅栏组织中约含40万个叶绿体，而相应的海绵组织中仅含约9万个叶绿体。1克菠菜叶片大约含有4亿个叶绿体。叶肉中含有如此之多的叶绿体，这等于大大地扩大了叶片的受光面积，使叶片能更充分地吸收光能，有利于光合作用高效率地进行。

叶绿体中含有各种光合色素和电子传递体，它们可以吸收光能、传递光能并将光能转化为化学能；而且还含有各种酶（具有生物活性的蛋白质），用于催化合成有机物。随着科学技术的发展，到20世纪50年代初期，人们已经能够从叶片中分离出完整的叶绿体，并证明这种离体叶绿体在人工条件下，可以把二氧化碳和水合成为碳水化合物，并释放出氧气，而且在短期内，这种分离出来的叶绿体进行光合作用的水平可达到它们在叶片中的水平。这便无可辩驳地说明了叶绿体是植物叶片进行光合作用的场所，研究结果又比萨克斯和恩吉尔曼的实验大大前进了一步。

（二）"叶绿体"

叶绿体是绿色细胞中一种特殊的细胞器，正如上面所介绍的那样，它能执行光合作用的全部反应过程，那么植物这种光合作用的真正场所，其内部结构又是怎样的呢？

由于植物的多样性，叶绿体的形态也多种多样。在低等植物中，叶绿体的形状有板状、圆板状、网状、环状、螺旋状、杯状、带状和星状等；在高等植物中，叶绿体的形状变化较小，通常为球形、椭圆形或凸透镜形等。标准的凸透镜形的叶绿体，其长轴一般为3~10微米（1微米=1/1000毫米=1/10000厘米），厚度（也称为直径）为1~5微米。在光学显微镜下，能观察到活细胞中的叶绿体在细胞质中有一定的运动能力。这不仅有利于叶绿体与细胞质之间的物质交换，而且也是对外界光照条件的一种适应性反应。

在弱光下，它们以椭圆体的扁平面向光，以增加受光面积，捕获更多光量子来满足光合作用所需的能量。在强光下（如中午太阳光直射时），它们则以椭圆体的顶部或窄小的侧面向光，或者向所在的叶肉细胞的侧壁移动，或者相互堆积在一起以便相互遮蔽，这样可以避免因强烈阳光直射造成光抑制（即引起光合能力下降）或叶绿体的结构和功能受到破坏。

高等植物的叶绿体在形态上虽各不相同，但是基本结构却大体相似。电子显微镜的出现和应用，为人们研究叶绿体的结构提供了有力工具。借助它，可以观察到叶绿体表面的被膜和内部结构。被膜是由连续不断的并且具有亚单位结构的双层膜组成的。双层膜的总厚度大约为6纳米（1纳米=10^{-9}米）。两层膜之间的距离为10~20纳米。被膜不含叶绿素，因此，它不能进行光合作用。但是，它是一种非常重要的半透膜，控制着叶绿体内、外的物质交换，它对不同物质如无机盐、糖、有机酸和氨基酸等有不同的渗透能力。由于它的存在，才使得维持正常光合作用所必需的金属离子、电子载体、同化二氧化碳的各种有关酶以及反应的中间产物等不致流失；同时它还控制溶于水的二氧化碳的渗入以及光合产物的运出，这样在光合作用过程中就不至于因原料供应不足或产物的积压而降低光合效率。研究结果还表明，与细胞质接触的叶绿体的外层膜上带有很强的负电荷，这不仅有利于对通过被膜物质的选择性运送，而且有利于叶绿体与其他膜结构之间的相互作用。具有完整被膜的叶绿体比被膜受损的叶绿体有更高的同化二氧化碳的能力，这便充分说明被膜的重要性。被膜的面积相当可观，1克菠菜叶片的叶绿体被膜总面积大约为400平方厘米。

叶绿体内部有许多膜结构，人们称它们为内膜系统。这些内膜系统与叶绿体的长轴平行，它们的周围是间质，在间质中存在催化二氧化碳固定和还原的酶。此外，还发现叶绿体间质中存在核糖体和脱氧核糖核酸(DNA),现已证明这些DNA在物理和化学性质上都不同于细胞核内的DNA,这是叶绿体生物化学上的一个振奋人心的发现,它说明有两种性质不同的遗传系统在控制着叶绿体这个特殊细胞器。叶绿体内DNA的存在,使得叶绿体在遗传和代谢方面都有一定的自主性,这对它的自我调节、复制和蛋白质的合成都有重要作用。

当用电子显微镜观察叶绿体的超薄切片时,可以轻而易举地看到由内膜系统组成的基粒,它们在叶绿体中彼此平行地延伸着,每个基粒像是由一摞摞烙饼垛叠在一起而形成,其中每块“烙饼”的结构物称为类囊体,这是因为它们的形状酷似囊袋的缘故。每个叶绿体通常有几十个基粒,基粒的直径约为0.5微米,厚度约为0.3微米,但它们的大小可随植物的种类和它们所处的生态环境而改变。每个基粒都含有两个以上类囊体,多者可达100个左右。叶绿体内有如此之多的基粒和类囊体,不仅扩大了叶绿体的受光面积,而且还为发生在叶绿体内的一系列生物物理反应和生物化学反应提供更大的场所。据计算,1克菠菜叶片中的类囊体的总表面积竟达约60平方米之多。

基粒两端的类囊体与间质接触并与叶绿体长轴平行的面是

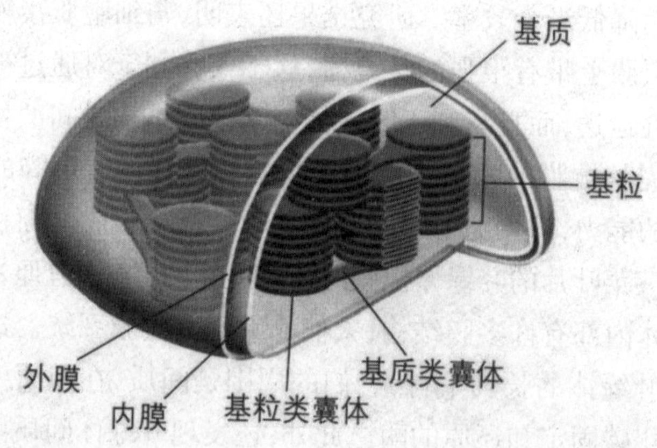

末端膜，每个类囊体与间质接触的侧面是边缘膜，两个类囊体之间的夹层称为隔片膜，每个类囊体内还有称为类囊体腔室的小室。叶绿体中的基粒并非孤立单个存在，而是由称为间质片层或间质类囊体的膜结构把基粒彼此联结在一起，形成网状结构，从而使叶绿体中的膜结构成为统一整体，便于它们协同执行各种功能。

叶绿体中的膜结构是垛叠在一起的，这已确信无疑了。那么，这种垛叠有何生理意义呢？叶绿体中的各种结构成分要完成对光能的吸收、传递和转化，以及利用碳同化的有关酶把水和二氧化碳合成为有机物，这些结构成分和酶都需要有合理和有序的空间排列，而膜的垛叠恰恰为它们提供了排列支架和一个长的代谢传递链，使它们能高效地吸收、传递和利用光量子，促使它达到可以被利用的位置，从而提高光能转化效率。阴生植物的叶绿体含有相当大的基粒，能充分捕获和利用弱光环境下的光能就是一个很好的例证。此外，膜的垛叠还可使酶容易接近底物分子，以及控制中间产物从一个酶转移到另一个酶，并有利于移走最终产物。叶绿体中膜系统的高度发达和膜的垛叠，完全符合生物进化中“用进废退”的理论。

值得指出的是，并非所有叶绿体都含有基粒。在高等植物中，如C_4植物的玉米的维管束鞘细胞中的叶绿体就没有基粒，这可能与它们执行的特殊功能有关（这将在碳同化的C_4循环途径谈到）。此外，处于系统发育较低级阶段的许多藻类植物叶绿体中也不含基粒，它们只有平行排列的间质片层。

（三）光合膜的结构

从上面介绍的资料可以看到，构成叶绿体中的基粒和间质片层的是内膜系统，它们又被称为光合膜。那么，这些光合膜的结构又是怎样的呢？

在具体介绍光合膜的结构前，首先应了解目前比较公认的生物膜的结构模型学说——“流体镶嵌模型”学说。这个学说认为生物膜是由流动的脂质双层膜构成的，而每层膜又由脂质分子组成。脂质分子的极性端是亲水的，而非极性端是疏水的。所有脂质分子的亲水端都朝向膜表面，而疏水端则朝向膜的中央。球形蛋白质分子或者嵌入脂质双层膜内，或者附着在双层膜的外表面上。嵌入的蛋白质又称为内在蛋白或整合蛋白，附着在膜表面的蛋白质又称为外在蛋白或周围蛋白。它们在膜上能够移动。

近年来的研究结果表明，叶绿体的膜结构也符合“流体镶嵌模型”学说，组成基粒的类囊体和基粒间的间质片层的光合膜都是由脂质双层膜组成的。在光合膜的脂质双层膜中同样镶嵌有内在蛋白，膜表面也附有外在蛋白。光合作用过程涉及两个光反应，它们都有各自的结构成分，其中一个与放氧有关，称为光系统Ⅱ(用PSⅡ表示)，另一个主要与形成高还原能力的物质有关，称为光系统Ⅰ(用PSⅠ表示)。这两种执行光反应的系统都有各自的捕光(或称集光)色素蛋白复合体和反应中心复合体。此外，在这两种光系统之间还存在一系列中间传递体，中间传递体把两个光系统串联起来，以共同完成光合作用的电子传递。这些结构成分属于镶嵌在膜中的内在蛋白。除了光反应，光合作用还存在一个不需要光的暗反应，它是由一系列酶促反应组成的。在暗反应中利用光反应形成的高能化合物三磷腺苷(ATP)和还原能力——还原型辅酶Ⅱ(NADPH)，把二氧化碳固定和还原成碳水化合物，参与这种反应的一些重要酶，如二磷酸核酮糖羧化酶就是一种外在蛋白。此外，在光合作用中对形成ATP起着相当重要作用的偶联因子(CF_1)也是外在蛋白。

光系统Ⅱ和光系统Ⅰ与它们的电子供体、电子受体以及中间电子传递体，在光合膜中都占有一定位置，也就是说这些成分在光合膜中有一定的空间分布，并串联成一条电子传递链。由于电子传递链上的电子传递体按其氧化还原电位高低的顺序排列起来后，其形状像英文字母的Z，故这条电子传递链又称为Z链。据统计，一个类囊体中至少有200条这样的电子传递链。它们彼此在不同水平上相互协同作用，共同提供完成光能转化和形成光合碳同化所需的能量和还原能力。

每个光系统反应中心叶绿素分子周围大约有300个色素分子，它们协同捕获光能供反应中心利用。反应中心叶绿素分子与它周围的几百个色素分子一起构成一个光合单位。值得指出的是，光合膜在光下的整个厚度会变小，这便使原来在暗中不能触及膜表面的成分暴露出来。光合膜的厚度在光下和暗中不同，其生理意义尚不清楚，也许在光下膜厚度变小，使原来“埋”于膜中的成分暴露到膜表面，有利于它们利用光能，以提高转能效率。

每条电子传递链(Z)都连接两个光系统(光系统Ⅱ和光系统Ⅰ)，因此类囊体上只要有一条Z链便有两个光合单位。根据类囊体上的电子传递链的数目(至少200条)和每个光合单位所含的色素分子(约300个)，便可推算出每个类囊体大约含有12万个叶绿素分子。叶绿素分子含有一个极性的亲水卟啉“头”和一条非极性的、具有很强疏水性的叶绿醇“尾巴”。根据这一性质，它们可能是排列在光合膜片层结构的界面上，即叶绿素分子的卟啉部分与蛋白质结合，排列在类囊体膜的脂质层表面，它是叶绿素吸收光能的主要部分，而长链的叶绿醇则插入脂质层中，从而使叶绿素分子以光合膜为支架定向排列形成单分子层，这有利于叶绿素对光能的吸收，光能在它们之间传递和转化为化学能。

这部分内容说明：植物的光合器官——叶绿体的结构是非常

复杂的，然而这些结构成分又是十分有序地排列在光合膜上，它们彼此紧密联系和相互配合，使光合膜转换能量的效率达到惊人程度，至今人们仿生模拟研制的高效光能转化器仍未能达到这样的转能效率。

三、光合作用的基本运作过程

通过前面两章的介绍,我们对光合作用的重要性及光合器官的结构有所了解。下面将进一步通过对光能的吸收、传递和转化,光合产物的形成以及光呼吸作用等的介绍来阐明光合作用的基本过程。

(一) 光能的吸收、传递和转化

1.光合色素

植物的光合作用实际上是把太阳光能转化为生物化学能的过程,而要实现能量转换,首先就必须有吸收光能的物质。在叶绿体中吸收光能的物质便是光合色素,因此得先对光合色素的种类有个概要的了解。光合色素主要有三种类型:叶绿素类、类胡萝卜素类和藻胆素类。

1)叶绿素类

叶绿素是叶绿体的主要色素,也是光合作用过程中最重要的光合色素,在所有光合器官中都含有叶绿素。绿色植物的叶绿素至少可分为叶绿素a、b、c和d几种,而能进行光合作用的光合细菌须含有细菌叶绿素a和b。叶绿素a广泛地存在于所有绿色植物的叶绿体中,是类囊体膜的主要色素;叶绿素b是另一种重要色素,它总是伴随叶绿素a存在于高等植物和绿藻中;而叶绿素c存在于硅藻、鞭毛藻和褐藻中;叶绿素d存在于红藻中,这些藻类均含有叶绿素a,但不含叶绿素b,而蓝藻只含叶绿素a。

叶绿素a和叶绿素b都是卟啉化合物，它们都有一个卟啉“头”和一长链的叶绿醇“尾巴”。卟啉“头”由四个卟啉环组成，卟啉环的中心有一个镁(Mg)原子，它与四个氮原子保持等距离。这个大环中有一整套共轭双键，即有一个π键，叶绿素之所以呈绿色，是由卟啉环中的π电子和Mg原子决定的。叶绿素a和叶绿素b两种色素在结构上和分子量方面差别不大，仅在第Ⅱ个卟啉环的侧链上有所区别：叶绿素a的侧链上是甲基($-CH_3$)，当$-CH_3$被醛基($-CHO$)代替时便成为叶绿素b。叶绿素a的分子式为$C_{55}H_{72}O_5N_4Mg$，而叶绿素b的分子式为$C_{55}H_{70}O_6N_4Mg$，它们的分子量分别为893.5和907.5。叶绿素a为蓝绿色，叶绿素b为黄绿色。

从叶绿素a和叶绿素b的吸收光谱可以看到，它们在蓝紫区和橙红区各有一个强的吸收峰，这说明叶绿素主要吸收橙红光和蓝光。因此，这两种光对光合作用最有效。叶绿素对光谱中段的绿光吸收得很少，绿光被反射出来，这就是为什么植物叶片通常都呈绿色的原因。叶绿素b的两个吸收峰比叶绿素a的两个吸收峰更为靠近，因此，叶绿素b的存在使得叶片的吸收光谱缩短了一些“绿色空挡”，从而提高了叶片对不同波长光的利用效率。这大概就是阴生植物叶绿体中有更高比例的叶绿素b的原因。因为阴生植物所处的光环境比阳生植物差，要吸收不同波长的光才能获得足够的光能来满足光合作用的需要。

当卟啉环缺少中心部分的镁原子时，这种叶绿素便成为脱镁叶绿素。在光合器官中除含有叶绿素a和叶绿素b外，还含有少量脱镁叶绿素，它们在光合作用中同样有着重要地位，它的功能将在下面的有关章节中叙述。卟啉环中的镁原子还可以被铜(Cu)或锌(Zn)取代，取代后叶绿素仍为绿色，根据这一原理可制作绿色植物标本，即用醋酸铜浸泡新鲜的植物标本，这样便可较长久地保持绿色。

2)类胡萝卜素类

光合器官中除含有叶绿素外，还含有类胡萝卜素，它们通常可分为胡萝卜素和叶黄素两类，前者是碳氢化合物，呈橙黄色，而后者为含氧的化合物，呈黄色。胡萝卜素有三种类型：α-胡萝卜素、β-胡萝卜素和γ-胡萝卜素，它们是具有相同分子式的立体异构体。在绿色植物叶片中的两种主要黄色素是β-胡萝卜素和叶黄素。胡萝卜素和叶黄素总是与叶绿素a和b一起存在于高等植物的叶绿体中，它们吸收蓝光，并把吸收的光能传递给叶绿素a，最终用于光合作用；它们还起到保护叶绿素的作用，可防止强光对叶绿素的破坏。

在一般条件下，绿色植物中类胡萝卜素的颜色被叶绿素的颜色所掩盖。秋天，由于叶绿素解体，这些黄色素的颜色便显现出来，其中有些因氧化而变成橙色甚至红色，于是我们便可看到叶片由绿色变黄色或红色的景象。然而，秋天时枫树的叶子变红主要是由于叶片存在一种不能把吸收的光能用于光合作用的花青素所致。低温有利于这种色素的形成而不利于叶绿素的形成，当花青素含量很高时叶片便呈现红色。

3)藻胆素类

藻胆素是藻红蛋白和藻蓝蛋白的总称，它们仅存在于红藻和蓝藻中。红藻以含藻红素为主，也含有一定数量的藻蓝素，而蓝藻则主要含藻蓝素，也含有藻红素。这两种色素的结构与叶绿素有相似之处，它们能吸收叶绿素a难以吸收的黄绿光，并最终把所吸收的光能传递给叶绿素a，供光合作用利用，这就使得生活在海洋深处的红藻等藻类能够利用绿光进行光合作用。

以上介绍了绿色植物光合色素的三大类型。根据它们的功能，又可把这些色素分为两类，即主要色素和辅助色素。在光合作用中只有叶绿素a直接参与光合作用的光反应，因此称它为主要色素，而其他色素如叶绿素b、类胡萝卜素和藻胆素，它们所吸收的光只有传递给叶绿素a才能在光合作用中起作用，故称这几种色素为辅助色素。进一步研究发现，在众多的叶绿素a中只有极少数处于特殊状态的叶绿素a分子才能进行光反应，这种叶绿素a又称为反应中心叶绿素，而其他叶绿素a和辅助色素一样，也只是吸收光能并把光能传递给反应中心叶绿素a。因此，就其功能而言，绝大部分叶绿素a也属于辅助色素之列，这些辅助色素就像收集无线电波的天线那样收集光能，故又把它们称为天线色素。光合单位就是由大约300个天线色素分子和1个反应中心叶绿素a分子构成的光能接受器。天线色素收集光能，然后把光能传递给反应中心色素供其进行光反应。

2. 光能的吸收和传递

叶片中吸收光的物质是光合色素，那么这些光合色素又是如何吸收光能的呢？所有色素都有发色团这样的关键结构。当光射到色素时，光量子的能量就全部交给发色团的电子，获得额外能量的电子克服了原子核正电荷的吸引力，跃迁到处于较高能量水平的外层电子的轨道上，也就是说该电子从最低能级（基态）跃迁到富含能量的激发态，达到高电位能级。于是光能便被色素吸收了。

但是处于激发态的电子是不稳定的，它有回到原来稳定状态——基态的倾向。要回到基态，可以把获得的能量以热能的形式逸散掉一部分，然后发射一个所含能量比所吸收的光量子的能量低的光子，便可回到基态，此时色素发射的这种光就是荧光。因此，尽管叶绿素是吸收蓝光和红光，但发射的总是更长波长的荧光。因为光的波长是与它所含的能量成反比的。色素也可以把获得的能量经传递用于光化学反应。这样使被激发的电子失去所得到的能量便可返回基态。此外，激发态的电子还可以从原初

的激发单线态转变为寿命较长的亚稳三线态，然后再发射波长更长的光，这种微弱的发射光称为磷光，然后回到基态。

叶绿素吸收光能后释放出荧光可用下面的简单实验来证实。把绿色的叶子剪碎，并在研钵中与丙酮或酒精等有机溶剂一起研磨，这样便可以把叶片中的叶绿素提取出来并溶于有机溶剂中，将叶绿素提取溶液倒入干净的玻璃试管中并照光，便可以在黑背景下从各个角度观察到绿色的叶绿素发出深红色光，这种颜色光便是叶绿素吸收光后发出的荧光。

光合色素能吸收光，吸收光后的色素分子受激发时要回到基态，其中一条途径是把能量传递出去，最终传给反应中心叶绿素a，使之用于光合作用的光反应。那么不同光合色素间的能量传递是如何进行的呢?其直接证据来自敏化荧光现象。人们用各种不同波长的光照射绿色植物，然后再用灵敏精密的仪器测定植物发射出的荧光波长，结果发现不论是用主要能被类胡萝卜素吸收的波长光照射，还是用主要被叶绿素b吸收的波长光照射，绿色植物都发射出叶绿素a所特有的荧光，这便无可辩驳地证明类胡萝卜素和叶绿素b它们吸收的光能是传递给叶绿素a的，否则叶绿素a不可能发射出荧光。

进一步研究表明，不仅类胡萝卜素和叶绿素b能把所吸收的光能传递给叶绿素a，而且藻胆素也能把吸收的光能传递给叶绿素a，同时在叶绿素a之间同样存在能量传递。不管是在不同色素间的能量传递，还是在同种色素中不同分子之间的能量传递，其传递方向总是由具有较高能级(吸收较短波长光)的色素分子，向具有较低能级(吸收较长波长光)的色素分子传递。在光合器官中，反应中心叶绿素分子的能级比天线色素分子的低些，这种性质有利于天线色素最终把能量传递给反应中心叶绿素a分子，使之把来自光量子的能量用于光反应。但是,不同色素之间的能量传递效率是不一样的。例如,从叶绿素b到叶绿素a的能量传递效率几乎达到100%,从藻红素和藻蓝素到叶绿素a的能量传递效率分别为70%~80%和80%~90%,而人类胡萝卜素到叶绿素的传递效率仅为10%~50%。

色素之间能高效率、高速度、有序地进行能量传递,是因为植物体内的色素不像在溶液中那样杂乱无章地混合在一起。此外,各辅助色素均能直接向叶绿素a传递能量特定的蛋白质并且结合在一起,形成各种各样色素蛋白复合体,并在光合膜中有序排列。就它们的功能而言,色素蛋白复合体可分成两类,即反应中心色素蛋白复合体和捕光色素蛋白复合体,后者又有内周天线色素蛋白复合体和外周天线蛋白复合体之分,在所有捕光色素蛋白复合体中除含有叶绿素外,还含有类胡萝卜素,这便可以使叶绿体能够利用可见光谱中的大部分光,以满足光合作用的需要。

3.光能转化为化学能

光合作用过程中的光能转换涉及两个光系统的光反应、电子传递和光合磷酸化等。下面将分门别类地介绍这些光合作用的重要过程,以及执行这些功能的有关结构和成分。

1)两个光系统

在介绍光合膜结构时,我们已经谈到高等植物的叶绿体中存在两个光系统——光系统Ⅱ和光系统Ⅰ,它们都由各自的捕光色素蛋白复合体和反应中心色素蛋白复合体组成,每个反应中心色素蛋白复合体都含有一个处于特殊状态的叶绿素a分子,在光系统Ⅱ中称它为P_{680},因为它主要吸收680nm(纳米)的光,而在光系统Ⅰ中称为P_{700},因为它主要吸收700nm的光。

当捕光色素蛋白复合体把吸收的光汇集到反应中心色素时,

反应中心色素受光激发,发生电荷分离,发射出一个电子给原初电子受体。反应中心色素失去电子后本身被氧化,它必须从原初电子供体获得一个电子才能恢复原状。这样反应中心色素分子便完成一个由光引起的氧化还原反应。由于在光下捕光色素蛋白复合体不断吸收光能,并把光能传递给反应中心,于是只要有光,这种氧化还原反应就会不断地进行下去,使光合作用不停地进行。

光系统Ⅱ的反应中心色素受光激发失去电子后,要从原初电子供体得到电子,这种电子供体就是水。水要为光系统Ⅱ提供电子,首先就要发生裂解。因此,光系统Ⅱ的重要功能之一与水的光氧化裂解释放出氧气有关。其过程大体是,当P_{680}受光激发后产生电荷分离,它发射出一个电子后便转变为一种强氧化剂P_{680}^+、它足以从水中夺取电子使水氧化生成氧气,而本身得到电子又恢复成P_{680}。在放氧的同时,产生质子(H^+)和电子(e^-),可用如下反应式表示:

$$2H_2O \xrightarrow{4hu} 4H^+ + 4e^- + O_2$$

从P_{680}发出的电子首先被光系统Ⅱ的原初电子受体所接受,目前一般认为它是脱镁叶绿素,但它极不稳定,立即将接受的电子传递给光系统Ⅱ原初稳定电子受体Q(醌分子,也有人称它为次级电子受体),以后电子再从Q经一系列电子传递,最终把电子传递给光系统Ⅰ。这方面的内容下面还要较详细谈及。

光合作用中释放氧是绿色植物的独特功能,那么水分子是如何裂解生成氧气、质子和电子的呢?水裂解是在光系统Ⅱ的氧化侧进行的。在光系统Ⅱ的氧化侧除存在电子供体Z(也有人称它为水裂解的中间体)外,还有一个“放氧复合物(OEC)”。当P_{680}受光激发，发射出电子而转变为强氧剂P_{680}^{+}，它便从Z夺取电子使本身还原成P_{680}，Z失去电子被氧化后，便促使“放氧复合体”发生状态变化，当它积累4个正电荷后与水反应，也就是在每次光激发中，一个电子从P_{680}传到受体Q，然后又有一个电子从“放氧复合体”经电子供体Z传递到反应中心，这样“放氧复合体”便逐渐增强氧化状态，直到它失去4个电子后便与水反应，从水中获取4个电子后回到原来状态，这时水便发生裂解，释放出分子氧，同时释放出4个质子。关于“放氧复合体”的生化实体究竟是什么，过去一直不甚清楚。近年来的研究，发现位于类囊体膜内表面的三个分子量分别为33kD（kD表示千道尔顿，是原子质量单位）、23kD～24kD和17kD～18kD的蛋白与放氧有关，有的还认为43kD和47kD的跨膜蛋白也与放氧有关。此外，人们还观察到锰（Mn^{2+}）、氯（Cl^{-}）和钙（Ca^{2+}）等离子与放氧活性有关。

从上面介绍的情况可以看到，绿色植物在光合作用中释放的氧气来自水的光氧化，那么是否有更直接的证据说明氧是来自水，而不是来自光合作用另一种原料二氧化碳（CO_2）呢？要回答这个问题，就得从1938年美国科学家鲁宾和卡门的实验说起。他们首先用示踪原子的方法来研究光合作用中的氧气来源，即用氧的同位素^{18}O分别标记水（H_2O）和二氧化碳（CO_2），使它们成为$H_2{}^{18}O$和$C^{18}O_2$，然后用$H_2{}^{18}O$与正常的CO_2、$C^{18}O_2$与正常的H_2O这两种组合分别作为实验植物（或叶绿素）光合作用的原料，再分析经光合作用后释放出的氧气。结果发现，用前一种组合（$H_2{}^{18}O$和CO_2）时，放出的氧气完全是$^{18}O_2$，而用后一种组合（H_2O和$C^{18}O_2$）时，放出的氧气则完全不含$^{18}O_2$。它们的反应式分别为：

$$CO_2 + 2H_2{}^{18}O \xrightarrow{\text{光}} (CH_2O) + {}^{18}O_2 + H_2O$$

绿色植物(或叶绿体)

$$C^{18}O_2 + 2H_2O \xrightarrow[\text{绿色植物(或叶绿体)}]{\text{光}} (CH_2{}^{18}O) + O_2 + H_2{}^{18}O$$

这充分说明,绿色植物光合作用所释放的氧气完全来自水而不是来自CO_2。同时还说明水的光氧化和二氧化碳的还原是分别进行的,而且每释放1分子氧需要2个水分子参与反应,这与上面的反应式完全符合。

光系统Ⅰ的反应中心色素分子P_{700}受光激发后也发射出一个电子,并将电子传递给光系统Ⅰ的原初电子受体(它是一种膜结合的铁硫蛋白),然后依次沿着电子传递链最后把电子交给最终电子受体$NADP^+$(辅酶Ⅱ),使之还原成NADPH(还原型辅酶Ⅱ)。可见,光系统Ⅱ的主要功能是产生一种强还原剂,以用于形成NADPH,为碳同化提供还原能力。P_{700}被氧化成$P_{700}{}^+$后,它要返回到原有状态,便需要从质蓝素(PC)接受一个电子。当$P_{700}{}^+$被来自质蓝素的电子还原后成为P_{700}时,便能再继续受光激发,使光合作用的电子传递不断进行下去。

2)光系统Ⅱ和光系统Ⅰ之间的电子传递和Z链

从上面介绍的两个光系统可以看到,光合作用的电子传递实际上是由这两个光系统的光反应推动的。光系统Ⅱ和光系统Ⅰ虽然有各自的功能,但是只有它们协同起来才能完成把光能转化为化学能,为二氧化碳的固定和还原提供能量ATP和还原能力NADPH。使这两个光系统能够紧密联系在一起的,便是它们之间的一系列电子传递体,这些电子传递体把它们串联起来,形成一条电子传递链。此链的一端使水氧化放出氧气，另一端把$NADP^+$还原成NADPH。

在电子传递链中的每个电子传递体，它们在进行电子传递的过程中，轮番地变为氧化态和还原态，具体地说，当一个电子传递体把一个电子传递给下一个电子传递体时，前者因失去电子而被氧化，而后者因得到电子而被还原。因此，电子传递实际上是一个氧化还原过程，而两个光系统间的电子传递就是在每一个电子传递体不断发生氧化和还原中实现的。

上面已经谈到光系统Ⅱ的原初电子供体P_{680}受光激发后发射出一个电子，并把电子经脱镁叶绿素传递给稳定电子受体Q，最初之所以把这个电子受体命名为Q，是因为它的氧化态能猝灭荧光，故取荧光猝灭剂（Quencher）的英文字首Q为名，后来又发现这种电子受体是醌（Quinone）分子，而醌的英文字首也为Q，所以Q也可以认为是醌分子。进一步研究发现，在光系统Ⅱ还原侧分别连续有两个质醌分子，它们与膜结合。因此，人们把用于接受脱镁叶绿素a传递来的电子的原初稳定电子受体质醌分子（Q）称为Q_A，而用Q_B来表示紧接Q_A的另一个作次级电子受体的质醌分子。当Q_B从Q_A接受电子后，便把电子传递给质体醌（PQ）库。

PQ库又与一个由细胞色素b_6（Cyt b_6）、铁硫蛋白（FeS）和细胞色素f（Cyt f）组成的复合体相接，但细胞色素b_6不参与非环式电子传递，只参与环式电子传递。因此，在非环式电子传递中，PQ库从QB获得电子后，便把电子经铁硫蛋白（FeS）传递给细胞色素f，再进一步传递给质蓝素（PC）。质蓝素是叶绿体中唯一含铜的蛋白质，它的特征是呈蓝色。当细胞色素f把电子交给质蓝素时，细胞色素f本身被氧化，以便继续接受由铁硫蛋白传递来的电子；而接受电子的质蓝素被还原，并进一步把电子传递给光系统Ⅰ的原初电子供体P_{700}。因此，质蓝素既是细胞色素f的电子受体，又是光

系统Ⅰ的电子供体。

这里需要指出的是,质体醌库的含量比其他电子传递体要多得多,它除在两个光系统之间起传递的作用外,还使质子从类囊体膜外侧向膜内转移,使膜内、外形成质子梯度,这一作用与光合磷酸化有密切关系。因此,在光系统Ⅱ和光系统Ⅰ之间的电子传递过程中,在质体醌和细胞色素f之间还与形成ATP的光合磷酸化相偶联,经光反应后把光能转化为高能化合物ATP。

当质蓝素把电子传递给处于氧化态的P_{700}^{+},使之转变为还原态的P_{700},此时便完成光系统Ⅱ与光系统Ⅰ之间的电子传递。然而,电子传递并没有结束,当还原态的P_{700}接受光后,受光激发射出一个电子,把电子传递给光系统Ⅰ的电子受体A_0,再进一步由A_0传递给A_1 A_0和A_1可能是叶绿素a,然后电子依次再通过膜结合的铁硫蛋白FeS(X)、FeS(B)、FeS(A)、铁氧还蛋白(Fd)和铁氧还蛋白-$NADP^+$还原酶(又称黄素蛋白,可用FP表示加,最后由铁氧还蛋白-$NADP^+$还原酶把电子交给$NADP^+$,使它与质子结合最终形成NADPH(还原型辅酶Ⅱ)。这样便完成从水到$NADP^+$的非环式电子传递。由于这条电子传递链是按它所含的电子传递体的氧化还原电位高低的顺序排列的,结果其形状如同英文字母的Z,所以人们又把上述的非环式电子传递链称为Z链。

3)环式电子传递

关于叶绿体中的电子传递途径,除上述把光系统Ⅱ和光系统Ⅰ串联起来的Z链传递途径外,还存在着围绕光系统Ⅰ的电子传递。它与非环式电子传递的主要区别在于,当电子传递到光系统Ⅰ还原侧的铁硫蛋白FeS(A)时,电子不再沿非环式电子传递途径传递给铁氧还蛋白,最终去还原$NADP^+$使之转化为NADPH,并且返回到光系统Ⅱ与光系统Ⅰ之间,由细胞色素b_6、FeS和细胞色素f组成的复合体中,然后把电子交给细胞色素b_6,再经质体醌、细胞色素f和质蓝素，最后把电子传递给处于氧化态的P_{700}^+使之转化为P_{700}。P_{700}再次受光激发发射电子，因此只要有光，这种围绕光系统Ⅰ的环式电子传递途径就会不断地进行下去。

从电子传递体在类囊体膜上的空间分布可以看到，与光系统Ⅱ密切相关的水裂解反应发生在类囊体膜的内侧，水裂解后不断向膜内侧释放质子(H^+)和电子(e^-)，电子经一系列电子传递，最终交给位于类囊体膜外(靠近间质的一侧)的辅酶Ⅱ($NADP^+$)，使它与质子结合形成还原型辅酶Ⅱ(NADPH)。在电子的这种定向传递过程中，质体醌往返移动，它的氧化态在接近膜的外壁接受电子，还原后转移到接近膜的内壁交出电子，由于在接受和交出电子的过程中，还伴随着质子的结合和释放，因此，电子的这种定向传递导致了膜内、外的电位差，而质子定向地从类囊体膜外向膜内转移，便像我们在上面所谈到的那样会使膜内、外形成质子梯度。电位差和质子梯度实际上都是一种能源(这就像水闸高处的水一样，当它奔泻而下便会产生能量)，它们所蕴含的能量用于推动ATP的形成。

4)光合磷酸化

上面在介绍电子传递时已提到光合磷酸化，它与电子传递紧密相关，是光合电子传递的重要功能之一。简单地说，光合磷酸化是指叶绿体在光下形成ATP的过程。这一现象是阿侬(Anon)等人于1954年首先发现的。他们将菠菜叶绿体加上ADP(二磷酸腺苷)和无机磷酸，然后照光，发现在光下叶绿体能把ADP和无机磷酸转化成高能化合物ATP。生物体在进行呼吸作用时，能通过氧化磷酸化形成ATP。然而，这两种磷酸化的本质截然不同。光合磷酸化是叶绿体利用太阳光(或人工光源的光)把ADP和无机磷酸合成ATP，也就是说，此过程是把光能转化为化学能。此外，在非环式光合磷酸化形成ATP时，还伴随着氧气的释放。而氧化

磷酸化是在线粒体中通过呼吸作用把植物体内的糖氧化，以贮存于糖中的能量来形成ATP，而且这个过程伴随着氧的消耗。

由于光合作用中至少存在两种形式的电子传递途径，因此，光合磷酸化也至少有两种形式。一种是非环式光合磷酸化（在这种形式的光合磷酸化作用中，由激发态叶绿素分子发出的电子不再回到叶绿素分子，而是用于还原$NADP^+$），ATP的形成与非环式电子传递相偶联，也就是说，ATP是在非环式电子传递的行进中形成的。因此，这种磷酸化需要光系统Ⅱ和光系统Ⅰ共同参与。同时与这种光合磷酸化相偶联的电子传递总是与质子转移相关联的，而质子是由水裂解产生的，故这种磷酸化不仅与放氧有关，而且还与NADPH的形成有关。可用如下反应式表示非环式光合磷酸化：

$$2NADP^+ + 2ADP + 2Pi + 2H_2O \xrightarrow[\text{叶绿体}]{\text{光}} 2NADPH + 2H^+ + 2ATP + O_2$$

另一种是环式光合磷酸化（在这种形式的光合磷酸化作用中，由激发态叶绿素分子发出的电子，经一系列中间电子传递体又回到叶绿素分子，形成一个闭合回路），这种磷酸化的ATP形成是与环式电子传递相偶联的，因此只需要光系统Ⅰ参与，而且不伴随NADPH的形成，也无氧气的释放，其反应式如下：

$$ADP + Pi \xrightarrow[\text{叶绿体}]{\text{光}} ATP$$

从上面的反应式可以清楚地看到，ATP是环式光合磷酸化的唯一产物，而非环式光合磷酸化不仅产生ATP，而且在此过程还释放氧气和产生NADPH。

关于光合磷酸化中合成ATP是与电子传递相偶联，它的化学能是从电子传递时所产生的电化学能转换来的，这点已不容置疑，也是人们所公认的。但是，关于磷酸化与电子传递这两个反应是如何相偶联，ATP形成的机制是什么尚不清楚。科学家们根据各自的实验，提出了不同假说，如化学学说认为电子传递过程中先形成一个高能化合物，即中间产物，然后由这个高能中间产物提供能量使ADP和无机磷酸形成ATP。构象变化学说则认为，由电子传递所产生的能量的贮存，是通过一种电子载体蛋白或偶联因子(CF_1)分子的构象变化而实现的，这种高能结构中的能量用于使ADP和无机磷酸合成ATP，而能量携带蛋白又可逆向地回到原来的低能状态，因此，构象变化学说可视为化学学说的另一种说法。而目前人们普遍接受的、用于解释磷酸化的学说是化学渗透学说，又称为电化学梯度学说。

化学渗透学说最早是由英国的生物化学家米切尔(Peter Dennis Mitchell)于1961年提出的。这个学说的要点是需要定向的化学反应，而且与磷酸化偶联的电子传递总是同时与质子转移相关的。也就是在电子传递过程中，质子不断地从膜外部向膜内部累积，形成跨膜的质子梯度，于是电子传递所产生的能便蕴藏在质子电化学梯度中，蕴藏在这种梯度的自由能再为ADP和无机磷酸合成ATP提供所需要的能量。这种学说不仅可应用于线粒体和细菌(如大肠杆菌)的磷酸化，而且还可应用于光合磷酸化。

在光系统Ⅱ的作用下，水发生裂解形成质子(H^+)并向类囊体腔内释放。此外，质体醌(PQ)在传递电子的过程中又将类囊体膜外的质子定向转移到类囊体膜的内侧，即进入类囊体腔内。来自

这两种途径的质子使类囊体腔内的质子浓度比类囊体外侧的质子浓度高。于是,通过光合电子传递形成一个跨膜的质子梯度。

当电子传递产生质子浓度差(质子梯度)后,类囊体膜内侧高浓度的质子就有反向跨膜的趋向,质子的反向转移是透过位于类囊体膜的ATP酶复合物向外流动的。ATP酶复合物由两部分组成:一是用于催化ADP和无机磷酸(Pi)合成ATP的偶联因子(CF_1),这部分是亲水的,突出在类囊体膜外侧;二是镶嵌于类囊体膜部分的疏水蛋白(CF_0),它起质子通道的作用。质子的反向转移就是膜内高浓度的质子通过质子通道向膜外侧的低浓度区流动,与此同时把质子梯度所贮藏的能量释放出来,为ADP和无机磷酸合成ATP提供所需的能量。

通过上述介绍,我们知道了叶绿体的光合色素吸收光能后,经过一系列能量传递,引起光系统Ⅱ和光系统Ⅰ进行光反应,并且通过电子传递和光合磷酸化,最后把太阳光能转化为化学能,形成高能化合物ATP和还原能力NADPH。而光合作用中继光反应之后的暗反应,恰恰是通过一系列酶促反应,利用光反应形成的ATP和NADPH来固定和还原二氧化碳,合成碳水化合物等有机物质。下面将介绍光合作用中如何形成有机物。

(二) 光合产物的形成

占植物体90%以上的干物质是由光合作用合成的,因此,二氧化碳的固定和光合产物的形成作为光合作用的重要组成部分,一直受到人们的关注。由于植物的多样性,碳同化途径也是多种多样的,就高等植物而言,固定和还原二氧化碳的碳同化途径就有三碳(C_3)途径、四碳(C_4)途径和景天酸代谢(CAM)途径等。下面将分别介绍绿色植物如何通过这些不同的碳同化途径,把二氧化碳固定和还原,并最终转化为碳水化合物等有机物质的。

1. 三碳(C_3)循环途径

光合作用碳同化的C_3循环途径，是美国的卡尔文及其同事经过多年的实验研究提出来的。他们于20世纪40年代，开始用经放射性同位素^{14}C标记的碳酸氢根($H^{14}CO_3^-$)饲喂绿藻，如小球藻和栅列藻。在不同时间的照光后，将它们杀死，然后提取光合产物，再用纸上色层分析法对提取物进行分离、鉴定，并用放射自显影来检查^{14}C的分布。他们所用的实验技术经鉴定发现，照光后^{14}C最早出现在3-磷酸甘油酸(PGA)中，这说明植物光合作用的最初产物是PGA，而其他产物如磷酸丙糖和另外一些磷酸糖类的化合物、有机酸、蔗糖和氨基酸等物质都是在PGA之后出现的，它们需要在照光后一段稍长的时间内才能形成。

他们根据出现的中间产物的数目和顺序，以及^{14}C在其分子中的部位，推导出光合作用从二氧化碳的固定到形成蔗糖的中间步骤，并分离出催化各步骤的有关酶。由于这个碳同化途径的显著特点是，当二氧化碳被固定后，形成的第一个产物3-磷酸甘油酸是三碳化合物，因此，人们把他们提出的光合碳循环途径称为C_3循环途径，又称为卡尔文—本森循环。

在光合作用中，凡是固定和还原二氧化碳时遵循上述碳同化途径，即固定二氧化碳后的最初产物是三碳化合物的植物，统称为三碳(C_3)植物，如上述的小球藻、栅列藻，高等植物的小麦、大麦、水稻、大豆和烟草等植物都属于C_3植物。

植物的C_3循环途径从固定二氧化碳开始到形成碳水化合物，实际上包括羧化、还原、再生和产物合成四个阶段。现分别介绍各个阶段的具体步骤。

1)羧化阶段

在光合作用中要把二氧化碳固定，首先就要有二氧化碳的受

体，即接受二氧化碳的物质。那么，这种受体到底是什么？经过详细研究，现已确定它是一种称为1，5-二磷酸核酮糖（RuBP）的五碳糖，它在叶绿体中的1，5-二磷酸核酮糖羧化酶（RuBP羧化酶）的催化下，与进入叶绿体的二氧化碳结合，便使RuBP羧化并形成两分子的3-磷酸甘油酸。此外，碳同位素^{14}C的标记实验还证明，光合作用的最初产物3-磷酸甘油酸被标记的部位是羧基。

RuBP羧化酶是光合碳循环中一种非常重要的酶，它是一种蛋白质，由8个大亚基（分子量为50kD至65kD）和8个小亚基（分子量为12kD至18kD）组成。它是光合碳同化的一个限速酶，其催化活性不高，也就是说它不是高效的催化剂。然而，它在植物体内的含量极高，占叶片蛋白质的50%以上，是植物性蛋白质的丰富来源，由于它的含量高，便保证有足够数量用于催化上述反应。

在RuBP羧化酶中，只有当小亚基与大亚基结合时才能表现出酶的活性。此外，光可以活化这种酶，而且酶的活性随光强度的增加而增强。这是因为光可以提高RuBP羧化酶与镁离子（Mg^{2+}）和二氧化碳的亲和力，而二氧化碳和Mg^{2+}又是稳定这种酶的活化状态所必需的物质。酶的活化和钝化是可逆的：

（钝化）　　　　　　（活化）

RuBP羧化酶 + CO_2 + Mg^{2+} —— RuBP羧化酶·CO_2·Mg^{2+}

（三元复合物）

RuBP是二氧化碳受体，它与二氧化碳反应形成PGA，那么，二氧化碳、RuBP与PGA之间就应该表现出内在的数量关系。实验结果表明，当二氧化碳浓度突然下降（光照条件不变）时，RuBP的量便突然升高，而PGA的量突然下降。这是因为当这个反应的原料——二氧化碳一旦供应不足，它的受体RuBP的消耗量自然就减少，结果使RuBP含量增加，而作为它们的反应产物的PGA也必然减少；这还说明已经形成的PGA还会再转化为RuBP，否则RuBP的含量不可能突然上升。形成RuBP时是需光的，因此在照光条件下，当RuBP与PGA的量达到某一水平时，突然停止照光，便可观察到PGA含量增加，而RuBP的含量立即下降。这是因为停止照光后不能形成新的RuBP，而原有的RuBP还能继续与二氧化碳反应产生PGA，结果表现出PGA增加而RuBP减少。这说明RuBP与PGA之间的确有内在数量关系，二氧化碳确实是通过羧化作用而被固定到PGA中。

2)还原阶段

二氧化碳与RuBP结合后产生的PGA，实际上是一种有机酸，它尚未达到糖的能级。要使PGA还原成为三碳糖(磷酸甘油醛)，还需要由光反应形成的ATP和NADPH为之提供能量和还原能力才能完成。这一过程包括两个反应步骤，先是PGA被磷酸化，形成1,3-二磷酸甘油酸(DPGA)，DPGA再被NADPH还原成3-磷酸甘油醛(G-3-P)。前一个反应由磷酸甘油酸激酶所催化，而后一个反映是由磷酸甘油醛脱氢酶所催化。

从上面两个反应可以看到，NADPH是用于使PGA的酸根转化(即还原)为醛根，从而使磷酸甘油酸转变为磷酸甘油醛(一种三碳糖)，完成这一转变所需的能量是由ATP提供的，于是在C_3循环途径的碳同化的还原阶段，便有部分能量储存到三碳糖中。

在光合作用过程中，植物不断地从大气中吸收二氧化碳，并使二氧化碳与受体RuBP结合，尽管叶子里RuBP的含量相当高，如果不能得到相应补充，也会被消耗完。一旦RuBP被耗尽，光合作用固定二氧化碳这一重要过程就无法继续进行下去，光合作用便会停止。然而，实际上只要有光，这一过程便能不断地进行下去，这说明在光合器中肯定存在RuBP再合成的反应，这些有关反

应发生于再生阶段。

3)再生阶段

实验已证明,RuBP与二氧化碳结合(即羧化反应)后所产生的PGA,其中有1/6用于形成糖,而另外的5/6则用于重新转化为RuBP,以保证有足够受体去接受源源不断地进入叶绿体的二氧化碳,使二氧化碳的固定能继续进行下去,后一种转化过程便是再生阶段所要介绍的内容。在再生阶段中,要通过光合碳循环中的两条途径才能形成RuBP。其中一条途径是把还原阶段形成的3-磷酸甘油醛(G-3-P),经过一系列酶促反应后,转化成5-磷酸木酮糖(X-5-P),后者再在磷酸核酮糖差向异构酶作用下转变为5-磷酸核酮糖(Ru-5-P),最后在5-磷酸核酮糖激酶的作用下,把Ru-5-P转化成1,5-二磷酸核酮糖(RuBP)。另一条途径是形成的G-3-P经一系列反应形成7-磷酸景天庚酮糖(S-7-P),S-7-P再在有关酶的催化下与G-3-P反应,生成X-5-P和5-磷酸核糖(R-5-P),X-5-P遵循上述的途径最后转化为RuBP,而R-5-P在磷酸核酮糖同分异构酶的催化下转化为Ru-5-P,然后再转化为RuBP。

可见,作为二氧化碳受体的RuBP,并不会在接受二氧化碳过程中,因与二氧化碳反应形成PGA(3-磷酸甘油酸)而被耗尽,而是在C_3循环途径中,在不断地把二氧化碳固定并还原成有机物质的同时,再生出RuBP。此外,光合环还具有自动催化作用,通过所发生的正反馈还会使RuBP增多,于是便保证有足够的RuBP反复接受二氧化碳,使二氧化碳进入光合碳循环,以保证光合作用碳同化能不断地进行下去。

4)产物合成阶段

从C_3循环途径可以看到,在还原阶段所形成的3-磷酸甘油醛,除相当一部分用于转化为RuBP外,一部分在磷酸丙糖异构酶的催化下转化成磷酸二羟丙酮(DHAP),这种产物再与G-3-P反应,并在醛缩酶的催化下形成1,6-二磷酸果糖(FDP),后者再在有关酶的催化下,经一系列反应形成葡萄糖、蔗糖、果糖、淀粉和纤维素等碳水化合物。所形成的这些产物脱离光合碳循环,被运输到所需要的部位供植物体利用。此外,在光合作用的二氧化碳固定和还原过程中,还能合成脂肪、脂肪酸、氨基酸和有机酸等物质,十分有趣的是,人们发现植物光合作用所形成的最终产物的成分会受外界环境条件的制约,也就是说在不同的光强度、二氧化碳和氧气浓度等条件下,会形成不同的最终产物。这一发现在生产上很有价值,它为人们定向栽培植物提供了理论依据。因此,人们可以根据生产的需要和植物合成某些最终产物所需要的条件,为植物提供合适的外界环境条件,使它们合成更多人们所需要的产品。

从光合碳同化的C_3循环途径——卡尔文本森循环还可以看到,在光合环的整个反应中,每固定6个二氧化碳分子,共消耗来自光反应形成的18个ATP和12个NADPH。因此,这个碳同化循环途径每运转一次的总反应式如下:

$$6CO_2 + 6RuBP + 18ATP + 12NADPH \rightarrow$$
$$12H^+ 6RuBP + 1C_6 + 18ADP + 18Pi + 12NADP + 6H_2O$$

C_6代表六碳糖。18ATP和12NADPH所含的能量分别为586×10^3焦耳和2573×10^3焦耳。因此在光合环运转过程中,每合成1摩尔的六碳糖(共储藏的能量为2803×10^3焦耳),共消耗3159×10^3焦耳的能量。可见,在这过程中能量转化效率相当高,达到88.7%,所消耗的能量用于推动光合环的运转。由此不难看出,光合作用的碳循环是绿色植物储藏日光能(日光能先在光反应中转化为ATP和NADPH,然后在碳同化的暗反应中,把ATP和NADPH所含的化学能转化并贮存于所合成的碳水化合物中)和积累碳水化合

物等有机物质的过程。

2. 四碳(C_4)循环途径

人们在分析光合作用过程中二氧化碳还原后的产物时,发现除含有C_3循环途径中的成分外,还有羧酸(如苹果酸、乙醇酸)和氨基酸(如丙氨酸、天冬氨酸、丝氨酸和甘氨酸)等,后来又有许多实验证明,在对光合器官照光一个非常短暂的时间内便会形成苹果酸。根据上述这些现象,人们自然会提出,这些羧酸和氨基酸到底是C_3循环途径的副产物,还是光合作用把二氧化碳固定后的直接产物?这便促使人们去寻求答案。到20世纪60年代中期,人们通过对许多具有高光合速率,而且适于在高温、高光强度和较干旱条件下进行光合作用的野生植物或农作物进行研究,发现这些植物固定二氧化碳后的最初产物明显不同于上面介绍的C_3循环途径的产物。

用^{14}C标记的二氧化碳($^{14}CO_2$)作为这些植物光合作用的原料,结果发现,在光合作用开始后的1秒钟内,就有90%以上的^{14}C被固定在四碳(C_4)酸如苹果酸和天冬氨酸中。随着光合作用时间的延长,C_4酸中的^{14}C逐渐减少,而3-磷酸甘油酸中的^{14}C逐渐增加。这说明在这些植物中,光合作用碳同化的最初产物是C_4酸。然而,随着光合作用的进行,C_4酸中的^{14}C会逐渐转移到C_3酸的3-磷酸甘油酸中。因此,人们把这种在光合碳同化中最初产物是C_4酸的碳同化途径称为C_4循环途径,以区别光合碳同化最初产物是三碳(C_3)酸的C_3循环途径,并且把具有这种C_4循环途径的植物,如玉米、高粱和甘蔗等称为C_4植物。

由于C_4植物和C_3植物的光合碳同化途径有明显差异,这便促使人们去研究这两种不同类型植物的叶子结构以及在固定二氧化碳功能上到底有何差别。研究结果表明,这两类植物的叶子结构确实不一样。C_4植物叶片中的叶肉不像C_3植物那样明显地分为栅栏组织和海绵组织，而是具有“花环型”的解剖特征，即在叶片的维管束周围有两圈绿色细胞，里层一圈称为维管束鞘细胞，外层则为叶肉细胞的一部分，维管束鞘细胞内含有特殊分化、没有基粒的叶绿体，同时这种叶绿体的数量和体积都比叶肉细胞中的叶绿体大得多。而C_3植物的维管束鞘往往发育不良，即使有维管束鞘的分化，但其细胞内仍然没有叶绿体。很显然，C_3和C_4植物在固定二氧化碳的最初产物时有明显差别，是与它们叶片结构的不同紧密相关的。

那么，C_4植物的二氧化碳固定途径又是如何进行的呢?1966～1968年，哈奇(M.D.Hatch)和斯莱克(C.R.Slack)在进一步证实甘蔗把二氧化碳固定到苹果酸和天冬氨酸中时，发现^{14}C标记的不稳定的草酰乙酸是磷酸烯醇式丙酮酸（PEP）的最初羧化产物，也就是说，当甘蔗（C_4植物）固定二氧化碳时，是以PEP为受体，它接受二氧化碳后，在PEP羧化酶的催化下形成草酰乙酸，这种四碳酸便是C_4植物固定二氧化碳后的最初产物，由于草酰乙酸不稳定，很快转化为苹果酸和天冬氨酸，这就是为什么人们最初发现C_4植物光合作用的最先产物是后两种四碳酸的缘故。由于C_4植物光合作用固定二氧化碳的最初产物草酰乙酸是一种四碳二羧酸，而且它转化而成的苹果酸和天冬氨酸也都是四碳二羧酸，因此，四碳（C_4）循环途径又称为四碳二羧酸循环途径。由于哈奇和斯莱克最先发现C_4植物光合碳同化的最初产物——草酰乙酸，因此C_4循环途径又称为哈奇—斯莱克途径。随着研究工作的深入进行，人们还证明了C_4循环途径的磷酸烯醇式丙酮酸（PEP），不像C_3循环途径的1，5-二磷酸核酮糖（RuBP）那样直接与二氧化碳结合，而是与进入叶子后溶于水中的二氧化碳产物——HCO_3^-结合，再形成草酰乙酸。

由于C_4植物的叶子结构较为特殊，不仅有叶肉细胞，而且维

管束鞘细胞中也有叶绿体，那么上述的C_4途径到底是发生在叶肉细胞的叶绿体中，还是发生在维管束鞘细胞的叶绿体中呢？研究结果表明，C_4途径是存在于C_4植物叶肉细胞的叶绿体中，这个途径只产生四碳酸，不形成葡萄糖、蔗糖和淀粉等碳水化合物，而且所形成的四碳酸——草酰乙酸转化成苹果酸和天冬氨酸后，再被运送到维管束鞘细胞的叶绿体中。在那里，在脱羧酶的催化下脱羧，释放出二氧化碳。

那么上述两种四碳二羧酸——苹果酸和天冬氨酸又是如何脱羧放出二氧化碳呢？当苹果酸运到维管束鞘细胞后，经细胞中叶绿体的NADP-苹果酸酶的作用形成丙酮酸，并释放出二氧化碳（即脱羧作用），丙酮酸再从维管束鞘细胞返回叶肉细胞的叶绿体，并在磷酸丙酮酸双激酶的作用下形成PEP，用于继续接收来自大气的二氧化碳。

根据所参加的脱羧酶种类，可以把天冬氨酸的脱羧分为两种途径：一是在维管束鞘细胞中，天冬氨酸在线粒体的NAD（辅酶I）-苹果酸脱氢酶和NAD-苹果酸酶的作用下，经一系列反应，脱羧释放出二氧化碳，并形成丙氨酸，丙氨酸再经过脱氨基和磷酸化后再形成PEP；二是天冬氨酸在PEP-羧激酶的作用下形成PEP，并释放出二氧化碳，此过程需要消耗ATP。可见，不管通过哪种途径，苹果酸和天冬氨酸脱羧放出二氧化碳后，其产物都会进一步转变，最终形成PEP，所形成的PEP又都返回到叶肉细胞，这便保证PEP不会因不断地被用于接受HCO_3^-—（二氧化碳溶于水时形成）而被耗尽，而是使叶肉细胞总是保持足够数量的PEP，以便在PEP羧化酶的催化下，继续不断地接受来自大气的二氧化碳，从而保证了C_4植物在光下能不停地进行光合作用。

由苹果酸和天冬氨酸脱羧释放出的二氧化碳其命运又是如何？由于它们都是在维管束鞘细胞中脱羧释放二氧化碳，而且维管束鞘细胞又含有体积大、数量多的叶绿体，因此，很显然由上述两种四碳二羧酸脱羧放出的二氧化碳便在这些叶绿体中被利用。目前已经可以把C_4植物的维管束鞘细胞和叶肉细胞完全分开，并分离出来，这为人们研究它们各自所含的成分和所执行的功能提供了条件。经实验研究证明，维管束鞘细胞的叶绿体含有C_3循环途径的一整套酶系统和有关物质。因此，由苹果酸和天冬氨酸脱羧放出的二氧化碳便在这里被RuBP接受，并在RuBP羧化酶的催化下把RuBP和二氧化碳转化为PGA，从而使二氧化碳进入C_3循环途径以合成有机物。可见，C_4植物是利用叶肉细胞叶绿体的C_4循环途径与维管束鞘细胞叶绿体的C_3循环途径共同完成对二氧化碳的固定和还原的。由此不难看出，C_4和C_3植物碳同化过程的重要区别在于：前者固定二氧化碳后的最初产物是四碳酸（草酰乙酸），而且光合产物的合成是由两个在空间上完全分开的C_4和C_3循环途径协作完成的；而后者的最初产物是三碳酸（磷酸甘油酸），光合产物的合成是由C_3循环途径单独完成的。

既然C_3植物通过C_3循环途径便能完成二氧化碳固定和合成光合作用的最终产物，那么，C_4植物为什么要通过C_4循环途径先把二氧化碳固定下来，随后经一系列的物质转化，最后再把二氧化碳释放出来供C_3循环途径利用呢？而且在C_4循环过程还要消耗光反应形成的ATP和NADPH。这岂是一种浪费？其实不然。因为PEP羧化酶比RuBP羧化酶对二氧化碳有更大的亲和力，它能高效地催化PEP与二氧化碳结合。从而把大气中浓度很低的二氧化碳固定下来，再经C_4循环途径，把二氧化碳的浓度提高并集中到维管束鞘细胞的叶绿体中，供那里的C_3循环途径利用。尽管RuBP羧化酶与二氧化碳的亲和力较低，然而由于C_4循环途径的作用，叶子内部的二氧化碳浓度相当高，因此二氧化碳便会被大量地固定下来并用于合成光合产物。可见，C_4和C_3两种循环途径

的密切配合，可以解释为什么C_4植物比C_3植物有更高的光合作用速率，并且通常表现出较高的产量。现在比较一致的看法，认为C_4循环途径是起“二氧化碳泵”的作用，把空气中低浓度的二氧化碳浓缩以提高叶内二氧化碳浓度，有利于C_4植物光合作用高效地进行。因此，在推动和维持C_4循环途径的运转时，消耗一些光反应形成的化学能，对于C_4植物来说是合算的。

3. 景天酸代谢(CAM)途径

许多生长在干旱环境的肉质植物，如景天科植物，它们在光合作用中固定二氧化碳的方式与上述两类植物不同。它们固定二氧化碳的独特形式与它们气孔运动所特有的方式紧密相关。大多数植物的气孔都是白天开放，以便让二氧化碳通过气孔进入叶内供光合作用利用，而夜间不进行光合作用时气孔关闭。然而，具有景天酸代谢（CAM）途径的植物与众不同，它们的气孔通常是夜间开放，而在白天一般是关闭的，这显然是这类植物对于干旱的生态环境的一种适应性表现，因为这可大大地减缓白天强光高温下的蒸腾，从而减少植物体和叶片水分的丧失。由于这个缘故，这类植物在夜间气孔开放时进行二氧化碳固定，并形成草酰乙酸或苹果酸。因此，当天刚亮时，这类植物的叶汁往往有酸味，这是因为它们在黑暗中积累有机酸所造成的。

这类植物在暗中固定二氧化碳时像C_4植物的C_4循环途径那样，也是以PEP为二氧化碳的受体，并在PEP羧化酶的催化下，把它们转化为草酰乙酸，这种产物就还原转变成苹果酸。这个过程所需要的NADPH是由呼吸作用产生的。白天，这类植物在光下再通过C_3循环途径把苹果酸脱羧后释放出的二氧化碳固定和还原成蔗糖、淀粉等碳水化合物。由于这种现象最先发现普遍存在于景天科植物中，故人们把这种类型的二氧化碳同化过程称为景天酸代谢（CAM）途径。后来，人们还发现这种代谢途径广泛存在于大戟科、龙舌兰科、百合科和仙人掌科等植物中。

具有景天酸代谢途径的植物，它们像C_4植物那样，同时具备C_4循环途径和C_3循环途径。而且也具备PEP羧化酶和RuBP羧化酶。但是，它们叶片的解剖结构表明，这类植物的叶子没有C_4植物所特有的“花环型”解剖结构，因此，它们的C_4和C_3循环这两种途径不是像C_4植物那样在空间上分开，而是在时间上分开，就像上面所谈到的那样，它们在夜间通过C_4循环途径，利用PEP作为二氧化碳受体，其羧化反应由PEP羧化酶所催化；白天在光下，经脱羧作用，把夜间固定的二氧化碳重新释放出来，再进一步通过C_3循环途径把二氧化碳转化为有机化合物。它们不仅可以固定来自大气的二氧化碳，而且还能固定来自植物本身呼吸作用释放出的二氧化碳，把它们用于光合作用。此外，C_4植物用于接受二氧化碳的PEP，是通过C_4循环途径不断重新合成的，而具有景天酸代谢途径的植物，在暗中固定二氧化碳时所需的PEP是由贮存的淀粉经糖酵解产生的。

还必须指出的是，具有景天酸代谢途径的植物一旦得到充足的水分供应，它们在白天也会像C_3植物那样进行光合作用，即在光下，利用RuBP接受来自大气的二氧化碳，在RuBP羧化酶的催化下，把RuBP和二氧化碳转化为3-磷酸甘油酸（PGA），直接进入C_3循环途径，形成碳水化合物。当水分供应充足时，把这类植物从暗中转移到光下，通过测定可观察到它们对二氧化碳的吸收会突然增加，这种增加可持续2小时。这说明，在光下，由PEP羧化酶所调节的二氧化碳固定，与C_3循环途径中由RuBP羧化酶所催化的二氧化碳固定可以同时进行，否则它们不能表现出对二氧化碳吸收的突然增加。

以上介绍了三种植物类型对二氧化碳的固定和还原以及光合产物的形成。

绿色植物能进行光合作用，把水和空气中的二氧化碳合成为碳水化合物，这点已确信无疑了。那么除它们外，还有没有能进行光合作用的生物呢?答案是肯定的，光合作用也是光合细菌所特有的生命现象，因此它们也会利用日光能把二氧化碳合成为有机物质。虽然它们的碳同化与绿色植物相类似，但也有不少独特之处，故有必要简单地介绍这方面的情况。

4.光合细菌的二氧化碳同化

目前已经知道，在光合细菌中也有C_3循环途径的所有酶，因此，人们认为它们的二氧化碳固定和还原途径之一，与存在于绿色植物的C_2循环途径相同。此外，人们还发现光合细菌中有两种酶能催化羧化反应。这两种酶是丙酮酸合成酶和α-酮戊二酸合成酶，它们分别催化二氧化碳与乙酰辅酶A合成丙酮酸以及二氧化碳与琥珀酸辅酶A合成α-酮戊二酸，这两种反应需要还原态的铁氧还蛋白($Fd_{还原}$)的参与，其反应式分别如下：

也就是说，这两个反应是分别以乙酰辅酶A和琥珀酸辅酶A作为二氧化碳的受体，经相应的有关酶催化，而把二氧化碳固定下来，再进一步参与有机物的合成。

在光合细菌中包括丙酮酸合成酶和α-酮戊二酸合成酶的二氧化碳还原环称为羧酸还原环，它是光合细菌中另一同化二氧化碳的途径。这个还原环每运转一次可以固定4个分子的二氧化碳，形成1个分子的草酰乙酸。推动这个羧酸还原环运转的能量(ATP)和还原能力——还原态辅酶Ⅰ NADH是由光合细菌在光反应中形成的。研究结果表明，光合细菌在进行光合作用时，可以同时运用上述的羧酸还原环和C_3循环途径把二氧化碳固定和还原成有机物质。

以上介绍了绿色植物和光合细菌的几种二氧化碳固定和还原途径，从这些途径可以看到，由于植物的多样性，固定和还原二氧化碳的方式也是多种多样的，然而在这多样性中也有其共性，例如，不论高等植物还是光合细菌，它们都存在C_3循环途径，这说明它们的二氧化碳固定和还原的碳同化途径是共同起源的，而其他途径的出现和存在，则反映它们在系统发育中地位的差异或对外界环境条件的适应。如景天酸代谢途径就有利于植物更好地适应干旱的生态环境，而处于系统发育更高级阶段的C_4植物，通过C_4和C_3循环途径的有机配合而具有更高的碳同化效率。

（三）光呼吸作用

我们对植物光合作用如何吸收太阳光能并把光能转化为化学能所涉及的光能吸收、传递和转化、电子传递、光合磷酸化以及二氧化碳的固定和还原和光合产物的形成等基本过程有所了解。然而，在绿色植物中还存在与光合作用紧密相关，总是伴随光合作用发生、不断消耗光反应形成的高能化合物的过程，这过程便是光呼吸作用。因此，在了解光合作用的基本过程时，还应对光呼吸作用有所了解。

1.什么是光呼吸作用

20世纪60年代，由于科学技术的发展，科学工作者经过一系列实验，发现在植物的绿色细胞中除存在与其他类型的组织细胞同样的暗呼吸(即不论在光下还是在暗中，都要不停地进行呼吸，把植物体的有机物质氧化，并释放出能量供细胞的生命活动利用)外，还存在与暗呼吸截然不同的另一种呼吸作用，这种呼吸作用只有在植物绿色部分显露在光下时才会发生，而且总是与植物光合作用相伴随，也就是说它与光合作用有着紧密的关系。为了与发生于植物绿色和非绿色部分的暗呼吸相区别，人们称这种呼吸作用为光呼吸。

研究结果表明,不管植物在光合作用中以何种方式固定二氧化碳,它们的绿色部分都普遍存在光呼吸作用。所不同的是,C_3植物如小麦、水稻等,有高强度的光呼吸作用,在光下,在含21%氧气和0.035%二氧化碳的正常大气中,这类植物光呼吸释放出的二氧化碳通常占光合作用固定的二氧化碳的30%左右,有的甚至高达60%,因此,这类植物又称为高光呼吸植物。而植物如玉米、高粱等,以及景天酸代谢途径的植物如仙人掌、龙舌兰等,这两种类型植物的光呼吸强度低,这主要是由于它们在光呼吸过程中释放出的二氧化碳能重新被光合碳同化所利用,成为光合作用合成有机物的原料的缘故,因此这两类植物又称为低光呼吸植物。

光呼吸强度的高低往往与植物的二氧化碳补偿点的高低密切相关。所谓二氧化碳补偿点,是指将植物叶子放在一个密闭的叶室内,并照以中等强度的光,由于植物叶子在光下进行光合作用,密闭系统内的二氧化碳浓度降低,当二氧化碳浓度降低到吸收二氧化碳的光合速率与光呼吸和暗呼吸释放二氧化碳的速率相等时,这时叶子对二氧化碳的吸收和释放达到动态平衡,即测定不出叶子对二氧化碳的吸收或释放,这种动态平衡条件下的二氧化碳浓度便是二氧化碳补偿点。高光呼吸植物的二氧化碳补偿点的体积分数约为$5×10^{-5}$以上,而低光呼吸植物的二氧化碳补偿点的体积分数为$(0.5 \sim 1)× 10^{-5}$,有的甚至低于$0.5×10^{-5}$。

由于C_4植物的光呼吸强度低,有的甚至不易测出,而且它们的光合作用不受空气中氧浓度的影响,在光下不表现出向二氧化碳气流释放二氧化碳的现象,因此这里所介绍的光呼吸是以C_4植物为对象的。下面将着重阐述光呼吸的底物在植物绿色细胞中如何形成光呼吸的代谢过程(即如何通过光呼吸作用释放出二氧化碳),光呼吸有何生理功能?外界环境因子对光呼吸的影响?以及如何调节和控制光呼吸以促进作物产量的提高。

2.光呼吸的底物

目前比较公认的光呼吸底物是乙醇酸，这是因为光呼吸作用与乙醇酸的代谢有许多共同之处：

第一，实验已经证明，植物叶片能合成乙醇酸，而且这种合成只有在光下才能进行，外界因子如强光、高氧浓度和低二氧化碳浓度都利于叶片中乙醇酸的形成，而高浓度的二氧化碳则能抑制它的形成。此外，光可以活化乙醇酸氧化酶，促进乙醇酸氧化，而乙醇酸的氧化则能促进植物叶片在光下释放二氧化碳。在谈到光呼吸时已指出，光呼吸是需光的，在光下与光合作用同步进行。同时，已有大量实验证明，C_3植物叶片的光呼吸强度表现出随空气中氧浓度（从零增至100%）的增加而不断增强，而当二氧化碳低于空气中正常的二氧化碳浓度时，光呼吸强度表现为随二氧化碳浓度的降低而增强，反之亦然。可见，外界因子对在叶片中形成乙醇酸的影响与光呼吸速率所受的影响非常一致。

第二，能抑制乙醇酸生物合成的抑制剂——2，3-环氧丙酸（又称为缩水甘油），以及抑制乙醇酸氧化酶活性的α-羟基磺酸盐类化合物，都能抑制光呼吸作用，使叶片的光呼吸速率降低。这说明光呼吸过程与叶片中乙醇酸的合成和代谢是受相同的抑制剂抑制的。

第三，乙醇酸参与光呼吸作用的直接证据来自用^{14}C标记的乙醇酸饲喂烟草叶子的实验。这个实验表明，在光照条件下，经饲喂^{14}C标记的乙醇酸的烟草叶片能释放出含^{14}C同位素的二氧化碳（$^{14}CO_2$），这便无可辩驳地证明光呼吸释放出来的二氧化碳来源于乙醇酸。此外，用乙醇酸饲喂小麦、大麦和烟草等叶片，都能促进这些植物的叶子在暗中释放二氧化碳，因为叶片中形成乙醇酸需要光，而合成乙醇酸后，它进一步代谢转化为二氧化碳的过程则可在暗中进行。因此，外加的乙醇酸可促进C_3植物叶片释放二氧

化碳，这无疑可进一步说明乙醇酸是光呼吸的底物，也就是说，光呼吸作用释放的二氧化碳是由乙醇酸转化而来的。

3.乙醇酸的生物合成及光呼吸的二氧化碳释放

从上面介绍的情况看，乙醇酸是光呼吸作用的底物已确信无疑了，那么，它在叶片中又是如何形成的呢？

关于叶片中乙醇酸的合成，有多种假说，也有不少争议。这里仅介绍目前为多数人所承认和接受的看法。在介绍光合作用C_3循环途径时，已谈到一种对二氧化碳的固定起关键作用的酶——RuBP羧化酶。1971年，人们发现这种酶不仅能起催化羧化反应的作用，而且还能起氧合作用，因此把这种具有双重功能的酶称为RuBP羧化酶—氧合酶，现在英文中通常用Rubisco表示。

研究结果表明，在有氧条件下，氧气在相同部位上或邻近部位上同二氧化碳竞相与RuBP（1,5 二磷酸核酮糖）和RuBP羧化酶—氧合酶（Rubisco）的复合物结合。当二氧化碳与RuBP结合时，Rubisco便起RuBP羧化酶所起的作用，结果二氧化碳和RuBP在它的催化下形成2分子的3-磷酸甘油酸，这种产物便进入C_3循环，用于进一步合成碳水化合物，或重新转化为RuBP。当氧与RuBP结合时，Rubisco便起RuBP氧合酶所起的作用，结果氧和RuBP在它的催化下，形成1分子的3-磷酸甘油酸和1分子的磷酸乙醇酸，前者进入C_3循环途径，而后者则在一种专一性的磷酸乙醇酸磷酸酯酶的作用下，脱去磷酸，形成乙醇酸。

当二氧化碳浓度高时，便有利于RuB羧化酶—氧合酶催化羧化反应，促使RuBP与二氧化碳结合，并形成3—磷酸甘油酸(PGA)；当氧气浓度高时，则有利于RuBP羧化酶—氧合酶起催化氧合作用，促使RuBP与氧化合，促进乙醇酸的形成。这便为高氧浓度和低二氧化碳浓度促进光呼吸，而低氧浓度和高二氧化碳浓度抑制光呼吸并有利于光合作用提供了合理解释。由于空气中氧的存在以及光合作用不断释放氧，植物的光呼吸作用是不可避免的，因为只要有氧存在，就必然会促使叶绿体合成乙醇酸。

C_3植物在光呼吸过程中释放的二氧化碳的量相当大，根据计算，按上述途径形成的乙醇酸只能为光呼吸提供50%或比这个数量稍多一些的反应底物。因此，在植物体内还可能存在合成乙醇酸的其他途径。有人认为乙醇酸是由2个二氧化碳分子缩合并还原而成；有的科学工作者则认为乙醇酸是由乙醛酸经乙醛酸还原酶作用而形成的等等。不管何种看法，都有一定的实验根据。但是，其中任何一种途径所形成的乙醇酸的量，都难以解释C_3植物在光呼吸中高速率释放二氧化碳的现象。因此，我们倾向于植物是通过多条途径形成乙醇酸以维持高的光呼吸速率。

光呼吸过程中释放的二氧化碳来源于乙醇酸，这已经是比较一致的认识。那么乙醇酸是如何转变并最终释放出二氧化碳的呢?这便涉及乙醇酸在植物体内如何代谢的问题。在叶绿体内，乙醇酸的合成是光呼吸过程的第一步，这一步是需光的，而且与光合作用紧密相关。乙醇酸形成后，会进一步氧化并最终释放出二氧化碳，这一过程是一系列不需光的酶促反应。

从乙醇酸形成到二氧化碳的释放，这是一种极为复杂的代谢过程，它涉及绿色细胞中的3种细胞器。首先乙醇酸在叶绿体中形成，然后转运到过氧化物体，当乙醇酸进入过氧化物体后，经那里的乙醇酸氧化酶的作用，氧化成乙醛酸，乙醛酸进一步在谷氨酸—乙醛酸转氨酶的作用下，氨化成甘氨酸。然后，甘氨酸再转运进入线粒体，在线粒体的丝氨酸合成酶或甘氨酸脱羧酶的催化下，由2个甘氨酸分子缩合成1分子丝氨酸，并形成1分子二氧化碳，这一步骤所形成的二氧化碳便是光呼吸作用释放的二氧化碳的来源。可见，乙醇酸的代谢过程，实际上就是光呼吸释放二氧化碳的过程。

在线粒体中形成的丝氨酸，返回到过氧化物体中，并在那里进一步代谢形成甘油酸。甘油酸再进入叶绿体。在叶绿体的甘油酸激酶的作用下发生磷酸化,形成3-磷酸甘油酸,最后3-磷酸甘油酸再进入C_3途径，正如我们在介绍C_3循环途径时所谈及的那样，在C_3循环途径中，3-磷酸甘油酸除一部分转化为光合作用最终产物外，一部分经C_3循环途径又重新转化为RuBP，RuBP再与氧结合并在有关酶的催化下最后形成乙醇酸。这使乙醇酸代谢能不断维持下去，使植物在进行光合作用的同时，通过光呼吸作用不断释放出二氧化碳。乙醇酸是一个二碳酸，而且在光呼吸的二氧化碳释放过程中，它实际上经历着氧化过程，因此乙醇酸代谢途径又称为二碳（C_2）氧化循环。

光呼吸作用通过乙醇酸代谢途径释放二氧化碳，这一点已得到公认，因为参与这一代谢途径的绝大部分酶已经分离出来并且经过鉴定确认了。但是，有人根据烟草叶圆片中甘氨酸转化成丝氨酸的实验，认为这种转化过程中释放的二氧化碳的量，难以解释所观察到的高光呼吸速率，因此认为绿色细胞中除通过上述的途径释放二氧化碳外，还可能存在其他释放二氧化碳的途径。有人根据给离体叶绿体提供乙醇酸和锰离子（Mn^{2+}）时，在有氧条件下照光，叶绿体便放出二氧化碳的实验，认为乙醇酸在过氧化物体中被氧化成乙醛酸后，一部分运回到叶绿体，在那里由光合反应形成的过氧化氢（H_2O_2）经非酶促的氧化形成二氧化碳和甲酸，同时甲酸也可以进一步形成二氧化碳。有人则认为光呼吸释放的二氧化碳可能是由乙醛酸直接脱羧而成。看来光呼吸过程的二氧化碳释放像它的反应底物乙醇酸的形成一样，可能也是多条途径的。

从前面的资料可以清楚地了解到，光合作用是碳素的还原，而光呼吸作用则是碳素的氧化，是对光合碳还原的一种逆转。这两种过程都是以1,5-二磷酸核酮糖(RuBP)和3-磷酸甘油酸(PGA)为纽带而彼此相互联系在一起,而且最初都是由具有双重催化功能的同一种酶Rubisco催化,它们运转的动力也都是光合作用在光反应中所形成的化学能。这进一步说明光合作用与光呼吸作用确实是紧密相关,彼此相互伴随的。

4.光呼吸作用的生理功能

上面已经谈到,光呼吸作用实际上是光合作用中碳还原的逆转,属于碳氧化过程,它把光合作用所固定的二氧化碳又重新释放出来。这一过程类似于暗呼吸,但是从能量代谢的观点看,这两种呼吸作用却是截然不同、完全相反的。暗呼吸是释放能量的过程,而光呼吸则恰恰相反,是一种消耗能量的过程,而且它所消耗的能量远远超过光合作用进行碳素同化所消耗的能量。从反应式可以看到,光合作用中每同化1分子二氧化碳消耗3分子的ATP和2分子的NADPH;而光呼吸过程每释放1分子二氧化碳需要消耗10分子ATP和6分子NADPH,后一过程消耗的能量是前一过程的3倍多。光合作用费了好大劲才固定的二氧化碳却有相当部分被光呼吸逆转而重新释放出去,而且释放二氧化碳的同时又是如此大量消耗能量,那么这种过程是一种浪费,还是有它的用途呢?

从乙醇酸的生物合成可以看到,氧气参与乙醇酸的合成。由于空气中有氧存在,当植物进行光合作用时,与外界进行气体交换以获取二氧化碳的同时,氧必然随之进入叶内,同时光合作用本身也在不断释放氧气,因此叶绿体处于与氧气不断接触之中,这样绿色植物中便不可避免地会发生RuBP与氧的反应,然后进一步转化为乙醇酸,结果在叶绿体中积累乙醇酸便是不可避免的结果,而乙醇酸的大量积累对植物是有害的。根据生物体经常使用的器官逐渐发达,不使用的器官逐渐退化的"用进废退"理论,

绿色植物在演化过程中就必然会逐步演化并形成清除乙醇酸的机构，以保证自己的正常生长和发育，而不致被自然选择所淘汰。光呼吸作用恰恰是不断处理和消耗叶片中积累的乙醇酸的方式，以避免乙醇酸的过量积累对植物体产生的危害。可见，光呼吸作用绝对不是一种单纯消耗能量的浪费、消极的生理过程，而是有一定的生理功能的。也就是说，它的存在确实对植物本身有好处。此外，通过光呼吸作用所形成的甘油酸在甘油酸激酶的作用下又可转化成3-磷酸甘油酸，结果使进入C_2氧化循环的大约3/4的碳素又可重新回到C_3循环途径中，最终使形成的乙醇酸又部分地转化为碳水化合物。

光呼吸作用虽然是一个大量消耗能量的过程，但它却有助于调节光合作用同化能力的形成与二氧化碳同化速度之间的不协调关系，这是因为在光合作用中形成的同化能力通常多于二氧化碳同化所需要的同化能力，这在强光照和二氧化碳供应不足时表现得最为突出。在全日照情况下，高温往往伴随着强光出现，这时植物根系吸收的水分不能充分满足蒸腾剧增的需要，植物体尤其是叶子大量失水，引起气孔关闭，结果大大减少叶子从大气中获取二氧化碳的量。但是，这时光合器中的光反应并不因此而降低速度或停止，而是仍然继续进行，形成大量同化能力（ATP和NADPH）。二氧化碳不足，使ATP和NADPH不能正常地被消耗于同化二氧化碳，结果破坏了同化能力的形成与消耗之间的平衡关系，易造成叶绿体和反应中心受损。通过光呼吸消耗过剩的同化能力，可使同化能力的供求达到平衡，避免叶绿体受损，从而保证光合作用的正常进行。

在正常情况下，光合作用的电子传递与二氧化碳的同化是相互协调的。电子传递链中的电子（e^-）以$NADP^+$为最终电子受体，当$NADP^+$接受电子并与质子结合时便形成NADPH，用于还原二氧化碳。当二氧化碳供应不足时，会造成NADPH的积累，这时NADPH不能完全用于还原二氧化碳而重新氧化为$NADP^+$从而导致了$NADP^+$含量减少，结果不能完全接受光合电子传递链源源不断地传递来的电子，这时多余的电子便以氧气为受体，接受电子的氧气转化为对叶绿体类囊体膜有破坏作用的超氧自由基(O_2^-)。由于光呼吸过程形成乙醇酸和乙醇酸的进一步氧化都要消耗大量氧气，这便可避免或减轻上述的有害影响。此外，光呼吸过程在消耗氧气的同时，还释放二氧化碳，这有利于维持叶绿体周围二氧化碳的浓度，从而降低叶绿体周围的氧浓度与二氧化碳浓度的比值，这不仅可为光合作用提供一定数量的二氧化碳，而且对于保持RuBP羧化酶的活性，防止叶绿素的光氧化，缓和强光对光合作用的抑制，保证光合作用继续进行等都有积极意义。可见，光呼吸作用并不像最初人们所认为的那样是一种单纯的浪费过程，它可被视为是光合作用本身的一种保护机构。

另外，光呼吸过程中还能形成重要的中间产物——甘氨酸和丝氨酸，它们除继续参与C_2氧化循环外，还可为植物体内蛋白质的合成提供原料；所形成的甲叉-四氢叶酸(C^1-THFA)被认为是植物光合作用合成所有一碳(C^1)基团的源泉，而一碳基团在植物体内的物质代谢中有着重要作用。这也说明光呼吸有其积极的生理作用。

光呼吸作用作为光合作用的保护机构，看来是符合进化论观点的。生物在长期进化的过程中，它们一些结构的出现和功能的形成是自然选择的结果。生物在进化中发生变异，出现新的结构和功能，肯定是这些结构和功能可以使生物体能更好地适应赖以生存的生态环境，并有利于它们的世代延续，否则它们必然被自然选择所淘汰。然而，任何事物都有它的双重性，植物在演化过程中也不可能例外。光呼吸作为一种保护机构出现，也可能存在

其不完善的一面，例如它大量地把光合作用中形成的有机碳氧化，重新释放出二氧化碳，同时消耗远远超过固定和还原二氧化碳时所需要的能量，这显然造成能量的一定浪费。高光呼吸的C_3植物的光合速率和产量往往低于低光呼吸的C_4植物，也说明光呼吸作用确有不完备、对植物本身不利的一面。

从植物的系统发育看，低光呼吸的C_4植物在系统发育上处于较高级阶段，它们可能是由具有高光呼吸的C_3单子叶和双子叶植物中进化比较好的植物类群进一步演化而来的。这说明高光呼吸的C_3植物还需要一个不断完善其结构和功能的过程。这便启示人们在不影响光呼吸作用作为光合作用保护机构的有利一面的前提下，可采取一定措施调节和控制光呼吸，减少有机碳的再氧化和能量的过分消耗，这将对提高C_3植物的光合速率和产量有一定的积极作用。实验已证明，利用光呼吸抑制剂，适当降低光呼吸强度（以抑制总光呼吸量的20%～30%为宜），的确可提高作物的光合速率和产量。

5.光呼吸的调节和控制

上面我们已经谈到Rubisco具有双重催化作用，既可起RuBP羧化酶所起的作用，催化羧化反应，又可起RuBP氧合酶所起的作用，催化氧合作用，而且在这种酶中羧化酶和氧合酶有一定比例。因此，可以通过改变Rubisco中羧化酶与氧合酶的活性比值来调节和控制植物的光呼吸作用。具体地说，设法提高Rubisco起羧化反应的活性，而降低其起氧合作用的活性，以利于碳同化，减少有机碳的逆转和能量的过分损失。现在已发现，光合细胞中碳同化的中间产物，如5-磷酸核糖（R-5-P）、6-磷酸果糖（F-6-P）和6-磷酸葡萄糖（G-6-P）都能提高羧化酶活性，促进羧化反应，增加C_3循环途径中的3-磷酸甘油酸（PGA）的合成量，而降低氧合酶活性，抑制氧合反应，减少乙醇酸的形成，从而促进C_3循环的运转，有利于有机物质的合成，抑制C_2氧化循环的运转，使光呼吸速率降低。因此，可利用上述这些中间产物来调节酶活性，达到降低植物光呼吸作用而增强光合碳同化的目的。

研究结果表明，光呼吸作用这一生理过程受许多种外界环境因子，如光强度、温度、酸碱度（pH值）、气体成分及其浓度等影响，其中以植物周围的二氧化碳和氧气的浓度对C_3植物光呼吸的影响最为明显。因此，可以通过改变环境因子和它们作用的强度来调节和控制植物的光呼吸速率。正如我们上面已谈到的那样，二氧化碳和氧气之间会竟相与RuBP和Rubisco（RuBP羧化酶-氧合酶）结合，形成不同产物，从而影响植物的光合速率和光呼吸速率。因此，在考虑利用环境因子来调节和控制光呼吸时，人们很容易想到通过控制植物所处环境的二氧化碳和氧气的浓度来调节光呼吸作用。当降低空气中的氧浓度或提高二氧化碳浓度时，均有利于Rubisco促进羧化反应，而降低氧合反应活性，从而有利于固定二氧化碳，减少光呼吸底物乙醇酸的形成，最终也有利于提高光合速率而降低光呼吸速率。这点已被实验所证实。例如，当用含0.03%二氧化碳和2%氧气的气体，代替含0.03%二氧化碳和21%氧气的正常空气时，C_3植物在光呼吸作用受到抑制的同时，净光合速率提高了45%。还有人在低氧条件下发现植物干物质产量增加两倍以上。

然而，要通过降低空气中的氧浓度来抑制光呼吸，提高光合速率和作物产量，在技术上和成本上都存在很大问题，因此难于在生产实践上应用。简便有效的方法就是在覆盖栽培的塑料大棚和玻璃温室进行二氧化碳施肥。实验已证明，这是控制作物光呼吸、提高光合速率和产量的一种行之有效的办法。通过提高大棚或温室中二氧化碳的浓度，不仅能达到上述抑制光呼吸的目的，而且二氧化碳是光合作用的原料之一，它的增加自然有利于

光合作用的进行，使大棚中或温室中的植物光合速率提高。我们最近几年的研究结果表明，高浓度的二氧化碳还有利于提高C_3植物叶片光合色素的含量，促进叶绿体对光能的吸收，提高光合作用的转能效率，使所吸收的能量更有效地转化为生物化学能供碳同化利用物质，从而有利于植物的光合作用。此外，已有大量实验证明，二氧化碳施肥有利于作物产量的提高。例如，当把塑料大棚的二氧化碳浓度从0.03%提高到0.24%，可使水稻产量从每公顷产量10吨提高到18.9吨，增产达89%。如在水稻抽穗前将二氧化碳浓度提高到0.09%，水稻产量提高29%等。

通过化学调控手段也可达到降低光呼吸速率和提高光合速率的目的。我们上面已经谈到，光呼吸代谢的第一步是乙醇酸的合成，而且光呼吸过程释放的二氧化碳的量与叶绿体中形成的乙醇酸的量成正比。因此，利用化学药剂抑制乙醇酸的生物合成，便可降低光呼吸强度，提高光合速率。例如，我们利用一种结构上类似于乙醇酸的环氧化合物——2，3-环氧丙酸喷施大豆叶片，由于这种药剂能抑制乙醇酸的合成，结果使"黑衣26"和"东农72-806"这两个大豆品种的光呼吸强度分别降低了39.1%和22.6%，而光合速率分别提高了18.7%和21.2%。我们对水稻和大豆等作物作进一步实验研究，发现这种药剂还能提高作物光系统Ⅱ的活性和原初光能转化效率，以及光合电子传递速率，有利于植物形成更多的ATP和NADPH供光合碳同化利用，最终使作物的光合速率和产量提高。

在生产上较广泛使用的抑制剂是亚硫酸氢钠($NaHSO_3$)。它的作用原理是，当它进入植物体内后，能与叶片中的乙醇酸的氧化产物乙醛酸起加成反应，形成α-羟基磺酸盐的化合物，这种反应产物能抑制乙醇酸氧化酶的活性，从而达到抑制光呼吸作用的目的。但这种抑制作用不是由亚硫酸氢钠直接引起的，因此它被

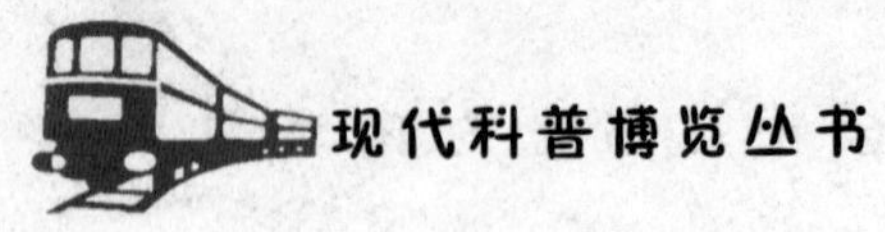

称为光呼吸的间接抑制剂。我们的实验证明亚硫酸氢钠对大豆，尤其是其早熟品种的光呼吸抑制率达32.2%，光合速率平均提高15.6%，使叶绿体的希尔反应活力平均提高28.9%，而且对不同品种的乙醇酸氧化酶有不同程度的抑制作用，从而大大提高大豆的产量。

此外，还可以根据光呼吸的乙醇酸代谢途径，采用适当的化学药剂抑制其中某一反应步骤，同样可以达到抑制光呼吸的目的。例如，可利用异烟肼抑制甘氨酸向丝氨酸转化，从而使光呼吸受到抑制；还可以用乙醛酸的反馈作用抑制乙醇酸的合成来抑制光呼吸等，这里就不再一一论述。但是，必须指出的是，由于光呼吸作用有它的重要生理功能，是光合作用的一种保护性机构，因此对植物光呼吸的抑制并非越厉害越好，过分的抑制会使它失去作为光合作用保护机构的机能，反而会造成光合速率下降。在大面积使用光呼吸抑制剂前，必须对每种作物的最适使用浓度、最适喷施时间以及使用次数等进行广泛试验，这样才能达到预期的增产目标。

四、环境因子与光合作用关系

（一）光强度的影响

“万物生长靠太阳”，这是众所周知的真理，它概括了光对生物尤其植物的生长发育和世代延续所起的巨大作用。就植物的光合作用而言，顾名思义，它是离不开光的，只有在光下植物才能完成其独特的生命过程——光合作用。然而，不同植物的光合作用对光强度的响应是不一样的，例如在同一光强度下，不同植物的光合速率（也称为光合强度）的绝对值有着明显差别。但是，不同植物之间也有类似之处，即在一定范围内的光强度下，不同植物的光合作用强度都表现出随光强度的增强而提高，也就是说，光合速率与光强度呈正相关。通俗地讲，就是当光强度提高一倍或减少一半时，光合速率也差不多随之增加或减少一半。

植物只有在光下才能进行光合作用，合成有机物质，但是，并非在任何光强度下植物都能积累有机物质。如果光强度减弱到一定程度，就无法测出它们的光合速率。这是因为在这种光强度下，植物进行光合作用所吸收的二氧化碳与它们呼吸（包括暗呼吸和光呼吸）所释放出的二氧化碳相等，也就是说，此时植物的真正光合速率与呼吸速率相等，二者处于动态平衡，我们把这时的光强度称为光合作用的光补偿点。如果光强度低于光补偿点，那么，不仅测不出叶片对二氧化碳的吸收，反而能测出它们释放二氧化碳，这是叶片呼吸速率大于光合速率的结果。因此，在光补偿点以下的光强度下生长的植物，因呼吸速率超过光合速率，植物不仅不能积累有机物质，相反地要消耗体内原有的有机物，这种状态持续的时间如果长了，叶片便会逐渐枯黄甚至死亡。为了使植物能不断积累光合产物，起码得为它们提供光补偿点以上的光强度。对于不同植物，其光合作用的光补偿点是不同的，通常耐阴的阴生植物的光补偿点低于喜光的阳生植物，例如，前者光补偿点低于500勒克斯（光的强度单位），而后者可达1 000勒克斯以上。

当光强度在光补偿点以上，植物的光合速率表现为随光强度的增强而提高，但当光强度增强到一定程度后，光合速率的提高幅度便逐渐减缓，最后达到一个限度，如果再提高光强度，光合速率便不再随之提高，这时的光强度被称为光合作用的光饱和点。不同类型植物的光饱和点不同，阴生植物的光饱和点较低，为5 000勒克斯～10 000，阳生的C_3植物的光饱和点为30 000勒克斯～50 000，而C_4植物甚至在夏天中午阳光直射、光照强度达10万勒克斯时也未完全达到光饱和点。在同一种类型的植物中，其光饱和点也并非一成不变，它随它们所处的生态环境或作物的种类和栽培条件而改变。

当光照强度达到植物的光饱和点时，如果再提高光强度，不但不能提高植物的光合速率，反会使它的光合速率降低，即出现光抑制现象。那么，为什么在低光强度下，光合速率随光强度的变化出现近似正比关系，而在强光下光合速率趋于恒定，超过光饱和点后反会引起光合速率降低呢？在弱光下，由于光是光合作用的限制因子，光照强度不能充分满足光合机构高效运转的需要，光反应形成的化学能较少，在这种情况下，暗反应中的酶系统能够充分利用光反应的产物来合成有机物，此时光合作用以最高效率进行，此时提高光强度有利于光合作用的进行，使光合速率与光强度成呈相关。而在强光下，光能供应充足，光不再是光合作用的限制因子了，光反应充分运转并形成大量化学能，这时暗

反应的酶系统即便开足“马力”,也不可能完全把光反应形成的化学能和还原能力用于合成有机物,所以此时光合作用进行的速度取决于暗反应速度。此外,在强光下,由于光能供应充足,光合器的色素系统和光反应系统来不及也不可能把所有光能都吸收和利用,再高的光强度自然不可能被有效地用于光合作用,多余的光能便会以热等形式散发。故达到一定光强度,光合作用速率不再提高而表现出光饱和现象。如果在植物的光照强度达到光饱和点后,继续提高光照强度,由于强烈的光照容易使叶绿体甚至反应中心受损,严重时还使叶绿素发生光氧化而使叶绿素受到破坏,从而最终导致光合速率下降。下面将着重介绍在光饱和点以下的光强度对光合作用的影响。

不同光强度对叶片的生长和结构有明显影响。例如,在2×10^4勒克斯的光强度下生长16天的玉米,有4片完全展开的叶子,而在1×10^3勒克斯的低光强度下生长的同龄玉米苗,仅有3片叶子。这是因为前一种光强度更有利于玉米进行光合作用,使它能形成更多光合产物供叶子生长发育。但是,在低光强度下,植物为获得更多光能以保证光合作用的顺利进行,通常通过扩大叶片面积来适应低光强度。因此,在低光强度下,其叶片面积较大,但厚度却不如在高光强度下生长的同种植物。在高光强度下生长的植物,叶上的气孔密度增加,以便吸收更多二氧化碳,使二氧化碳的固定和还原与充足的光能相匹配,使光能得到充分利用,其叶肉组织中的细胞层数增加,便于吸收更多光能并转化为化学能;叶肉细胞较大,同时细胞间的空隙也较大。使进入气孔的二氧化碳能迅速扩散到叶肉细胞内,供叶绿体合成碳水化合物;叶片中的维管束较发达,数目也较多,使在高光强度下生长的植物叶片显得更挺拔。

光对叶绿素的合成也有重要作用。叶子中存在的原叶绿素二酸酯，只有见光后才能转化为叶绿素酸酯a，叶绿素酸酯a再与叶醇结合形成叶绿素a，然后有一部分叶绿素a再转化为叶绿素b。因此，如果没有光，叶绿素的前体便不可能转化为叶绿素，植物就不能进行光合作用。

光强度对叶绿体的结构和组分也有明显影响。在低光强度下生长的植物，为了获得更多光能，除扩大叶片面积外，叶绿体在发育过程中还能形成更多光合膜，并且膜的垛叠程度增高，因此叶绿体中的基粒数目要比在高光强度下生长的植物的基粒多，而且基粒的体积也较大。在高光强度下生长的植物，叶绿体的光合膜面积较小，垛叠程度较低，有利于避免因捕获过多的光能造成激发能在反应中心过量积累。这不仅可防止因光抑制造成的光合能力下降，而且可避免因强光引起的色素的光氧化破坏，使叶绿体免受损伤。

如果植物长期在低光强度下生长（如阴生植物），每个叶绿体中的叶绿素含量多于长期生长在高光强度下的植物（如阳生植物），这有利于它们充分吸收光能；同时叶绿素b的含量较高，这有助于它们收集更多光能传递给叶绿素，再用于光合作用。而在高光强度下生长的植物，叶绿素a的含量相对较高，这样有利于把光能高效地转化为化学能。我们的研究表明，在高光强度下生长的小麦幼苗，捕光色素蛋白复合体含量少于生长在低光强度下的小麦幼苗，而负责把光能转化为化学能的反应中心色素蛋白复合体的含量则较高。参与捕获光能的光合色素还有类胡萝卜素，其中以β-胡萝卜素最为重要，它能猝灭在高光强度下容易形成的三线态叶绿素和单线态氧，这两种物质对叶绿素和光合膜都有潜在的破坏作用。在高光强度下生长的植物含有较多的β-胡萝卜素，有利于防止叶绿素的光氧化，起到保护光合膜的作用。而在低光强度下生长的植物β-胡萝卜素含量较低，这可能是因为此处的光强

度不会达到对叶绿素光氧化破坏的强度。

进一步研究还发现，高光强度使叶绿体中含有更多的电子传递体，如光系统Ⅱ的原初电子受体Q、细胞色素b、细胞色素f和质体醌等。我们的研究结果表明，高光强度有利于提高光系统的活性、能量转化效率、叶片潜在光合作用、量子转化效率、光合电子传递速率，以及激发能在两个光系统间分配的调节能力等，最终有利于形成更多的ATP和NADPH供碳同化利用。与此同时，叶绿体中在固定二氧化碳时起重要作用的RuBP羧化酶含量较高而且活性也较高，这些都决定了在光饱和点以下的高光强度有利于提高植物的光合速率。

从以上的资料可以看到，不同光强度对植物叶片和叶绿体的结构、叶绿体中组成成分的含量和光合功能等都有明显的影响。而且也反映出植物对所处的光环境有适应能力，这种适应性不论对它们的光合作用，还是它们世代的延续都有好处。

（二）温度的影响

温度对植物光合作用的影响，实际上包括气温和叶温两方面。气温和叶温通常因受风速、太阳的日辐射量、叶子气孔密度和开闭程度（这两者与叶片的气孔蒸腾速率有很大关系）等因素的影响而有一定差别。例如，玉米群体内，中午群体上层叶温比气温高2℃～3℃，但在阳光几乎透射不到的下层，叶温略低于气温；在夜间，玉米群体上层的叶片因外露于空间，经辐射散热，要比气温稍低，而下层与气温几乎没有差别。如果风速大，叶面气体交换速度快，这时叶温与气温也不会有什么差别。由于受周围气温、日照、风速和叶片本身的着生角度和形状等因素的影响，同一叶片不同位置上的叶温往往也不一样。同时由于测定技术要求严格，往往不易做精确的测定，因此下面所介绍的温度对光合作用的影响，实际上是气温对光合作用的影响，当然气温最终必须通过改变叶温来实现对光合作用的影响。

1. 光合作用温度的三基点

所谓光合作用温度的三基点，是指植物进行光合作用时的最适温度、最高温度和最低温度。因为光合作用也像所有酶促反应那样受温度制约。

光合作用的最适温度是指光合速率达到最大值时的温度。它受植物的遗传性、生长发育阶段和栽培管理条件，以及所处的生态环境等多种因素影响，因此不同植物有不同的光合作用最适温度范围。通常C_4植物比C_3植物有较高的最适温度范围。例如，属于C_4植物的高粱，其光合作用的最适温度范围为40℃～45℃；而C_3植物的水稻则为18℃～32℃。

光合作用的最高温度和最低温度，通常又分别称为光合作用的热限温度和冷限温度，这两种温度又统称为光合作用的临界温度。植物在光合作用过程中，当温度上升或下降到临界温度时，叶片对二氧化碳的吸收和释放速度相等，此时测定不出表观光合作用，因为在二氧化碳吸收和释放处于动态平衡时，其净光合速率等于零。

植物光合作用的热限温度因植物种类而异。通常C_4植物的热限温度可达50℃~60℃，而C_3植物的较低，一般在40℃以下，较耐热的棉花则可达50℃～55℃。C_4植物多数起源于热带，由于长期对高温生态环境的适应，同时它们又属于低光呼吸植物，温度的上升对它们的光呼吸作用影响不大，这便使它们能在更高温度下继续吸收并同化二氧化碳，因此表现出有较高的热限温度。对于C_3植物来说，随着温度的上升，暗呼吸和光呼吸也随之加剧，这就使得光合作用吸收二氧化碳和呼吸作用释放二氧化碳之间迅速达到动态平衡，于是决定了C_3植物不可能有很高的热限温度。

植物光合作用的冷限温度同样也因植物种类的不同而有很大差异，表现出受植物本身的遗传性和发育阶段等因素的影响。因此，不同植物有不同的光合作用冷限温度。例如，耐寒植物的光合作用冷限温度，与它们细胞组织的冰点温度很接近，约在-5℃～-3℃，甚至可在接近-20℃的温度下进行光合作用。然而，热带植物当温度下降到5℃～7℃时，便不能进行光合作用。如高粱、玉米和橡胶树等，在5℃～10℃的温度下就不能进行光合作用，甚至它们的光合机构和功能会受到损害。此外，同一种植物，其光合作用的冷限温度也随它们生长发育阶段的不同而有相当大的变化。例如，冬小麦在幼苗期能在很低的温度下存活并进行光合作用，表现出很强的抗寒能力；而在生长的中、后期对温度甚为敏感，抗寒能力明显下降，其冷限温度明显高于幼苗期的冷限温度。

2.温度对光合作用的影响

温度对光合作用的影响较为复杂。由于光合作用包括光反应和暗反应两个部分，光反应主要涉及光物理和光化学反应过程，尤其是与光有直接关系的步骤，不包括酶促反应，因此光反应部分受温度的影响小，甚至不受温度影响；而暗反应是一系列酶促反应，明显地受温度变化影响和制约。

在一定温度范围内，例如，从光合作用的冷限温度到最适温度之间，光合作用速率表现为随温度的上升而提高，一般每上升10℃光合速率可提高一倍左右。而在冷限温度以下和热限温度以上，对光合作用便会产生种种不利影响。因此，温度对光合作用的不利影响包括低温和高温，低温又可分为冷害和冻害两种。

冷害通常是指在1℃～12℃以下植物所遭受的危害。在冷害温度下，植物的光合速率明显下降，例如番茄叶片，经16小时1℃冷处理。在大气的二氧化碳水平下，其光合速率下降达67%。C_4植物的玉米，当温度从20℃降到5℃时，其光合速率降低幅度竟达

90%。冷害温度之所以使植物光合速率如此大幅度下降，是因为低温冷害首先引起部分气孔关闭，增加了气孔对二氧化碳流动的阻力，造成二氧化碳供应不足，这必然导致光合速率降低。冷害温度还直接影响到叶绿体结构，使叶绿体内的较小基粒垛数增加，类囊体膜的生物组装受到抑制，膜结构受损，结果使叶绿体的活性降低，表现出光系统Ⅱ、光系统Ⅰ和电子传递速率下降，叶绿体中负责把激发能从捕光色素蛋白复合体向反应中心传递的叶绿素活性受钝化，能量传递受阻，反应中心得不到充足的能量供应，这些都对植物正常的光合作用造成不良影响。

光合作用暗反应的各个步骤均是在有关酶的参与下完成的，而低温能降低酶的活性和限制酶促反应。有些酶如C_4植物的磷酸烯醇式丙酮酸（PEP）羧化酶和丙酮酸磷酸激酶在低温下不稳定，同时它们的活化所需的能量分别在低于10.8℃和11.7℃的温度下明显增加，其结果均不利于对二氧化碳的固定和还原。

在冷害温度下，植物体对光合作用形成的碳水化合物的运输速度也会降低。光合产物不能及时外运，在叶肉细胞或叶绿体中积累，会反过来抑制光合作用。此外，C_4植物中，二氧化碳的固定和还原需要叶肉细胞和维管束鞘细胞的叶绿体共同协作才能完成，而低温可影响这两种细胞叶绿体之间光合中间产物的转运，最终都会使光合速率降低。

此外，在低温下，植物需要更多的能量以抵御寒冷，而这些能量来自呼吸作用，因此低温会加剧呼吸作用，增加干物质的消耗。低温还会延缓根系的生长和抑制水分的吸收，造成叶子水分亏缺和气孔关闭，这些都会影响光合作用，使光合作用速率降低。

冻害是指温度在零度以下，引起植物细胞结冰而使植物受害。在这种温度下，除少数抗寒植物如松、柏等能在严冬中依然苍翠夺目，傲然挺立，继续从事光合作用外，绝大多数植物因早已

达到、甚至低于它们光合作用的冷限温度，叶片脱落，即便尚未脱落，实际上光合作用已经停止，无光合产物的积累。这种低温如果持续时间长，能引起细胞甚至植物死亡，自然谈不上光合作用了。

当温度高于光合作用的最适温度时，光合速率明显地表现出随温度的上升而下降，这是由于高温引起催化暗反应的有关酶钝化、变性甚至遭到破坏，同时高温还会导致叶绿体结构发生变化和受损；高温加剧植物的呼吸作用，而且使二氧化碳溶解度的下降超过氧溶解度的下降，结果有利于光呼吸而不利于光合作用；在高温下，叶子的蒸腾速率增高，叶子失水严重，造成气孔关闭，使二氧化碳供应不足。这些因素的共同作用，必然导致光合速率急剧下降。当温度上升到热限温度，光合速率便降为零，如果温度继续上升，叶片会因严重失水而萎蔫，甚至干枯死亡。

（三）水分的影响

在介绍水分对植物光合作用的影响前，首先应对水分在植物生命过程中的重要性有个概要了解。

1.水在植物生活中的重要作用

植物体的各器官都有很高的含水量，这与水在植物生命活动中起着重要作用分不开。水是植物体中各种代谢过程必不可少的物质，因为体内的许多生物化学反应都以水为介质进行。水又是细胞原生质的重要组成部分，当原生质含水量在80%以上时，才能维持旺盛的新陈代谢所必需的溶胶状态。如果原生质含水量减少，就会降低原生质的水合作用，甚至导致原生质失水，使它的胶体结构发生变化，从溶胶状态转变为凝胶状态，从而使原生质中各种酶的活性降低，使生命活动大大减弱。

水是植物光合作用的原料之一，因此没有水，光合作用便不能进行；同时，水又是体内物质运输的介质，光合作用的产物必须溶解于水才能向其他器官运输，植物所需的矿质营养同样只有溶于水中才能被根系吸收，并从根系运输到植物体的各器官供其利用。

植物枝叶的挺立和伸展，对于叶子接受阳光以保证光合作用对光能的需求，以及叶子与外界进行气体交换，充分吸收二氧化碳供光合作用利用都十分重要。植物这种姿态的维持，除植物各器官机械组织的支撑外，还需要细胞膨压的协同作用，而细胞膨压的形成需要有充足水分。如果水分不足，叶子便会萎蔫，叶片出现蜷缩或下耷等现象就是一个很好的例证。

此外，水的特殊物理、化学性质，对植物的生存同样十分重要。水有较高的导热性，而且它的比热也相当大，例如，每克水每升高或降低1℃就要吸收或释放4.1868焦耳的能量，它的熔解热和汽化热更大，每克水结成冰或冰融化成水，需释放或吸收334.72焦耳左右的能量。每克水变成水蒸气或水蒸气凝结成水时，要吸收或释放2 092～2 510焦耳的能量。水的这些性质十分有利于植物在强光高温下散发热量，因为在蒸腾作用过程中，随着水分的丧失而从植物体散发出大量热量，使植物体尤其是叶片不致被灼伤；当外界温度较低时，植物体内的水温随之下降的同时，可释放相当多的能量以保持植物体温，防止或减轻植物受低温的危害。可见，水的特殊理化性质，有利于植物更好地适应外界气候的变化。

2.水分对光合作用的影响

水分对植物的光合作用有明显影响。植物的光合速率通常表现出随叶片含水量的下降而降低；但降低的幅度却因植物种类而异。即便同一种植物也因叶龄不同而有所差别。通常表现出

幼叶的光合速率随叶片含水量的降低而更迅速下降。这里所要介绍的包括水分不足即干旱和水分过多如涝害等两方面,它们均可称为水分胁迫。水分过多时对植物所造成的危害,并非由水分本身直接造成,而是由其他间接因素引起。例如,旱生作物生长在受涝的土壤中,因土壤颗粒之间原先存在的氧气被充满水分排出,造成缺氧,使根系的呼吸作用、正常的生理活动、生长和对营养物质的吸收等均受影响。同时,土壤缺氧不仅使一些对植物有益的需氧微生物的活动受到抑制,而且促使一些有害的厌氧微生物活动加强,结果导致根系的生长环境严重恶化,使根系受害。植物是一个有机整体,根系受害自然会给地上叶片部分的正常光合作用带来不利影响。如果植物的地上部分受淹,其后果更为严重,会使光合作用减弱甚至完全停止,最终导致植物死亡。可见,水分过多对植物造成的危害,主要是由于氧气供应不足造成的。水生植物和沼生植物之所以能在水中或淹水的地方生存,主要是由于它们体内有良好的输送氧气系统,能把地上部分吸收的氧气运输到根系供其利用,因此不致受害。下面将着重介绍水分不足对光合作用的影响。

叶片水分减少,光合作用速率会明显降低,那么原因何在?我们以及一些研究者的研究结果表明,在轻度干旱造成叶片水分亏缺时,植物光合速率下降主要是由于气孔关闭造成二氧化碳亏缺所致。然而,在严重干旱胁迫下,由于叶片严重失水,除气孔因素的影响外,造成光合速率急剧下降的主要是非气孔因素。也就是说,主要是由于叶肉细胞光合能力下降所致。表现在光合细胞放氧速率、表观量子产量、光系统Ⅱ和光系统Ⅰ以及全链电子传速率、光合磷酸化、羧化酶的羧化效率(即固定二氧化碳的效率)、光系统Ⅱ活性及其转能效率等均明显下降,执行光合作用重要功能的两个光系统中的各种色素蛋白复合体及叶绿素的含量减少,叶绿体对光能的吸收能力下降,Rubio的含量和活性明显降低,而且与光合碳同化有关的其他酶,如蔗糖磷酸合成酶、1,6-磷酸果糖酯酶、PEP羧化酶、NADP-苹果酸酶、NADP-苹果酸脱氢酶、碳酸酐酶以及5-磷酸核酮糖激酶等的活性均受到抑制。此外,还使叶肉细胞内的叶绿体排列发生紊乱,甚至光合膜受到破坏,光系统Ⅱ的氧化侧、还原侧以及反应中心受损等。因此,严重影响叶绿体对光能的吸收、传递和转化,不利于ATP和NADPH的合成,而且与碳同化有关的酶的活性受抑制,严重阻碍暗反应的进程。这些结果必然导致光合速率急剧下降,大大减少光合产物的合成。

在干旱条件下,因叶片水分亏缺,不仅会减缓光合产物从叶片外运,而且还会加速叶内淀粉的水解作用,使糖分在叶中大量积累,妨碍光合作用的顺利进行,这也进一步造成光合速率降低。

干旱对光合作用的影响还有后效应,即因水分不足造成光合速率下降后,当恢复正常供水时,其光合作用不能马上恢复正常。例如甘蔗需要几天,有的植物甚至需要一星期以上才能使光合作用恢复到正常水平。如果干旱过于严重,造成光合器官不可逆(即不可恢复)损伤,那么恢复正常供水后,植物的光合作用仍然无法恢复正常。

从上面介绍的几种环境因子对光合作用的影响,可以清楚地看到,任何植物或作物的生长发育对环境条件(包括矿质营养等)都有一定要求,只有环境条件较适合它们生存和生长时,它们的光合作用才能高效地进行,才能积累更多光合产物。因此,人们在从事种植业的生产中,应该掌握作物的生长发育规律,了解它们要高效进行光合作用所需的条件,并尽可能地为它们提供所需的条件,这样才能最终达到获得高产的目的。

五、光合作用的前景

（一）光合作用与农业生产

我国是一个农业大国，但由于人口众多，人均占有耕地面积只有867平方米，仅相当于世界人均耕地面积占有量2640平方米的1/3，再加上自然灾害发生频繁，长期以来农业一直是限制我国国民经济发展的主要因素。由于人口还在不断增加，而耕地面积却因种种原因，每年以46.7万公顷左右的速度减少，从而进一步加剧了粮食的供需矛盾，限制我国国民经济的高速和持续发展，无法满足人民生活水平提高对粮食的需求。我国人口目前已达12亿，粮食总产量仅为4.9×10^8吨，人均每年粮食占有量只有近400千克。2012年，我国人口达14亿左右，按人均每年粮食占有量为500千克计算，在今后的15年，就需要增加2×10^8吨粮食，即在现有粮食产量的基础上增产40%以上，才能满足我国人口增长和经济发展的需要。这是摆在我国人民和广大科技工作者面前的一项十分艰巨而繁重的战略任务，是我国种植业今后的主要奋斗目标。

要发展我国的农业生产，提高作物产量，除应迅速地培育出高产优质的各种作物新品种外，还需要采取各种有效的栽培管理措施，保证作物良好生长以达到高产稳产状态。而农业生产上所采用的措施，其实质便是提高作物对光能的截获能力，延长叶片的光合功能期，高效地利用光能，使光能更加有效地转化为生物化学能，为光合作用的碳同化提供能量和还原能力，促进作物干物质的积累，减少呼吸作用对物质的消耗，以及使光合作用所形成的有机物更加有效地分配到收获器官，如豆谷类作物的籽粒以及马铃薯、甘薯、甜菜和萝卜等作物的块茎和块根等，最终达到高产的目的。这是由于农作物是利用太阳光能来合成有机物，也就是说，农作物生产的实质是由光能驱动的一种生产体系。

我国的农业生产，自新中国成立以来，由于各级政府的重视，广大农民和科技工作者的共同努力，以及不断增加对农业的投入，农业生产已有很大发展，单位面积的产量也在逐年提高，比如小麦生产，解放初每公顷产量只是半吨左右，到现在高产田每公顷产量已达7.5吨甚至更高。那么，在这种情况下是否还有潜力可挖掘，使产量进一步提高呢？

要阐明这个问题就得从植物光合作用效应和作物的大田光能利用效率说起。所谓植物光合作用效率指的是植物在光合作用过程中所形成的有机物质所含的能量，与在这一过程中所吸收的太阳光能的比值，通常用百分比表示，即上述两种能量的比值乘以100%。在自然条件下，植物只能利用大约占太阳总辐射能量一半、波长为390～760纳米的可见光部分，其利用效率约为20%。如只能用太阳的总辐射能量计算，其效率更低，只占10%左右。作物大田光能利用效率是指在单位面积上作物光合作用形成的所有有机物，即包括根、茎、叶和籽粒等全部生物产量所含的能量，与作物在整个生长发育时期照到同一地面面积的太阳总辐射能量的比值，同样用百分比表示。

由于各种原因，例如，作物的生长前期因群体尚未充分发展，而生长后期群体逐渐趋于衰老，地面上覆盖的绿叶面积小，这便造成在整个生长发育期有很大部分太阳光漏射到地面；此外，前期幼叶的光合机能发育不健全，而后期老叶的光合机能衰退，使它们不能充分有效地利用照到叶面的光能，造成光能大量浪费。即便在植物生长最旺盛的时期，它们的叶面积系数达到最大值

时，也不免有些太阳光漏射到地面，同时叶子对光还有反射和透射，这同样会使相当一部分光能损失掉。当太阳光直射时，光强度接近或超过作物光合作用的光饱和点，这时一部分能量以热的形式散发，作物也不能完全利用射到叶面上的光能。强光还往往会引起作物光合作用的光抑制，降低它们的光合速率，使光能得不到充分利用。在天气晴朗时，虽然有良好的光照，但是由于田间二氧化碳供应不足，同样会限制作物对光能的利用。肥水供应不足，影响作物正常生长发育，限制群体叶面积的充分发展；肥水供应过于充足或其他气象因素的影响造成作物倒伏等，都会影响作物对光能的吸收和利用。作物在生长中要不断地消耗积累在体内的物质用于呼吸作用，从而使已被植物转化为化学能的光能又损失一部分。可见，上述的种种原因，便决定了作物大田光能利用效率不可能太高。

我国大田目前全年的光能利用效率还不足1%。一些光能利用效率高的作物如甘蔗，它们在生长旺盛时期对光能的利用率也只能达到5%，而达到这种利用率已是相当可观了。根据植物科学研究的结果，在自然条件下，植物利用太阳辐射光能形成有机物的能量转化效率如能达到5%左右，那么一年每公顷地可收获37.5吨谷物。高产小麦和水稻在孕穗后一段时间光合效率相当高，但此时的光能利用效率也只不过3%左右，其他国家的情况也大同小异，而就它们整个生育期而言，其光能利用效率在1%~2%左右。下面我们以北京地区为例来说明作物大田光能利用效率。北京地区的粮食作物一年通常由冬小麦和夏玉米两茬组成，假定冬小麦的产量为7.5吨/公顷，经济系数为0.4，那么它的生物产量应为18.8吨/公顷；而夏玉米产量为4.5吨/公顷，经济系数为0.3，其生物产量为15吨/公顷。这些物质每克平均含的能量为17 782焦耳。根据气象资料，北京地区全年太阳总辐射能量每平方厘米

为564 422焦耳。那么,一年中作物的大田光能利用效率为:

这一方面说明作物大田光能利用效率相当低(如果一年每公顷产量达不到12吨,其效率将更低),另一方面说明在提高作物光能利用效率方面还有相当大的潜力。上面的计算是以小麦每公顷产量7.5吨为例,按我国目前的生产水平此产量是相当高的,因为实际上1995年我国小麦平均每公顷产量只有3.54吨,还达不到我们计算用的小麦产量的一半,仅为高产的荷兰小麦产量(8.85吨/公顷)的40%,这同样说明提高作物产量有很大潜力。

要提高大田光能利用效率,可充分利用上、下两茬作物之间的休闲期,种植些不受季节限制的作物如绿肥、青饲料和叶菜类等,以减少光能的浪费;进行间种、套种,提高复种指数,克服每种作物播种后出苗前、幼苗生长期和作物生长后期太阳光漏射到地面造成的浪费,以达到充分利用光能的目的。还应充分利用现有的荒地和水面,扩大旱生植物或作物和水生植物的种植面积,使射到地面和水面的光能得到充分利用,让光能通过植物光合作用转化为社会财富。

除通过上述各种途径提高光能利用效率,增加植物产品的收获量外,另一个非常重要的途径就是通过对植物光合作用的深入研究,揭示其内在奥秘,以便采取有效措施,提高叶片截获光能的能力,促进对光能的吸收,延长叶片功能期,提高叶片的光合能力和转能效率等。在这方面,中国科学院植物研究所的有关科学工作者已经做了卓有成就的尝试,并取得了可喜的成果。他们通过对"大豆高光效育种及其理论"的研究,首先证明了大豆品种间的光合速率存在显著差异,而且光合速率与大豆籽粒产量呈正相关,同时具有遗传稳定性。还证明光合单位、二氧化碳同化的关键酶RuBP羧化酶和PEP羧化酶的活性与光合速率密切相关,而且RuBP羧化酶对产量的贡献最大,从而明确了大豆籽粒产量的

提高主要取决于叶片对光能的截获能力、光能的转换效率、光合碳同化循环的运转效率和光合产物在籽粒中高的分配比例等，这些指标是构成大豆高光效高产的基础。随后他们运用这些研究成果，与中国科学院遗传研究所的研究人员合作，选育出我国“八五”期间大豆最高产量的品种。

我们通过对不同地区不同产量水平的26个水稻品种光合特性的比较研究，证明了水稻产量与它们对光能的吸收、光能转化效率、光系统Ⅱ的活性、光合电子传递速率以及两个光系统之间激发能分配的调节能力等有明显正相关。在对杂交稻及其亲本光合作用特性的研究中，不仅进一步证实上述结论，而且阐明在配置杂交组合时，除应注意选择遗传差异大、性状互补好和配合力强等亲本外，尤其应特别重视选择具有优良光合功能的母本，以便尽快获得生产上可推广应用的杂交稻。

这些研究证明，通过光合作用研究，不仅可为选育高光效高品种提供理论依据，促进育种工作的开展，以尽快培育出在农业生产上可推广应用的新品种；而且也可为进一步提高作物产量提供理论依据，促使作物产量在原有基础上进一步提高。由于作物产量潜力与它们的光合功能密切相关，这便促使人们寻求提高作物光能转化效率的途径，以达到提高作物产量的目的。例如，我们利用2，3–环氧丙酸和钛等物质来提高水稻、大豆和小麦的光化学活性和光能转化效率等，最终提高它们的产量就是很好的例证。关于这方面的例子举不胜举，不再罗列。总之，对光合作用的研究将会大大促进我国农业生产的发展，为解决我国粮食供求矛盾作出贡献。

（二）光合作用与环境保护

绿色植物不仅为人类和其他生物的生存提供所需的绝大部分物质，而且它们在促进大气气体循环，维持大气中氧气和二氧化碳浓度相对稳定起着重要作用。然而，绿色植物对人类的贡献还远不止这些。人类要生存还需要有一个良好的生存空间和环境，而绿色植物在这方面起到了无与伦比的巨大作用。

在生活和生产活动中，工业锅炉、火力发电厂、金属冶炼厂、造纸厂、化工厂和农药厂等各种工厂，以及庞大的汽车队伍，除向大气排放大量二氧化碳外，还排出大量有毒气体，如氯气、氮氧化合物、氟化物、硫化物、碳氢化合物和一氧化碳等，使空气受到严重污染。据报道，到2000年，我国废气的排放量达1.15×10^{13}立方米。其中二氧化碳和二氧化硫的排放量是世界上排放量最大的。这个数字确实令人触目惊心，如果这些有毒气体在大气中不断积累而不被清除的话，会对人类和其他生物的生存造成严重威胁。这个问题已引起各级政府和人们的高度重视，并积极采取各种有效措施对污染源进行综合治理，以控制向大气排放的有毒物质的量。然而，由于技术和资金的限制，要达到彻底根治并非易事。

幸好自然界到处存在绿色植物，它们在进行光合作用时，要不断地与大气进行气体交换，以获得所需要的原料——二氧化碳，与此同时，空气中的有毒气体也随之进入植物体内，从而使大气中的有毒物质大量减少。例如，每公顷柳杉每月约可吸收60千克的二氧化硫；每公顷刺槐林和银桦林每年可吸收42千克氯气和12千克氟化物；蓝桉和洋槐等对氯气，垂柳、滇柏、拐枣和桑树等对氯化物，美国槭树对二氧化氮，加拿大杨、栓皮乐和桂香柳等对醇，醛、醚和酮等挥发性物质都分别有很强的吸收能力；杜鹃花的叶子能大量吸收汽车尾气中的致癌物质等。可见，由于绿色植物的大量存在及其光合作用，使大气中的有毒物质大幅度减少，减

轻了空气的污染程度，为人类创造一个适于生存的大气环境起到不可估量的作用。

植物在吸收大量有毒气体时本身同样会受到伤害。下面我们以二氧化硫为例来阐明大气污染物对植物和它们的光合作用的影响。当二氧化硫进入叶子组织后，与水结合会形成亚硫酸和硫酸，一部分亚硫酸还能进一步与植物体内的醛或酮化合，形成a-羟基磺酸盐，这三种物质的大量形成都会侵袭植物细胞，破坏细胞结构。当它们的浓度高时，还会引起酶系统失调，光合磷酸化反应受抑制，造成光合作用和植物其他生理功能紊乱，从而严重抑制光合作用，甚至引起叶绿体解体，而使叶片漂白以致坏死，导致叶片过早脱落，叶片面积减少。

我们在研究二氧化硫对一些园林植物如五角枫、国槐、小檗和大叶黄杨光合作用的影响时，发现二氧化硫会大量破坏叶绿素，并使相当一部分叶绿素转化为脱镁叶绿素，结果使叶子的颜色由鲜绿转为褐色。叶绿素大量减少，影响叶子对光能的吸收，同时使光系统Ⅱ反应中心的活性丧失，改变光系统Ⅱ与光系统Ⅰ之间的能量分配，妨碍二氧化碳的同化过程等，表明二氧化硫会严重损害植物的光合作用。随着二氧化硫浓度的提高，植物的光合作用速率显著下降。

通过上述例子可以清楚地看到，空气中的有毒气体对植物光合作用有明显的损害作用。因此，可以通过研究不同有毒气体对同种植物，和同种有毒气体对不同植物光合作用的影响，以及影响的程度，为筛选抗污染的植物提供理论依据。这样便可根据不同污染源排放的有毒气体的种类，相应选择对该气体吸收能力强、抗性强或忍耐力强的合适树种进行绿化，这就可以大量降低空气中有毒气体的含量。如在磷肥厂高炉周围10~30米范围内生长的桑树、滇柏、拐枣和垂柳，它们对高炉释放出的氟化物有很

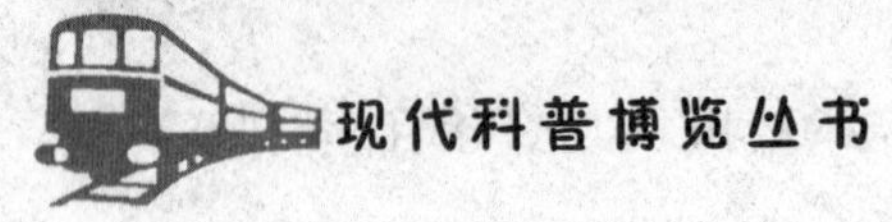

强的吸收能力，它们叶片中的含氟量分别达到0.173%、0.20%、0.385%和0.51%。洋槐、银桦和蓝桉对氯气的忍耐力较高，能大量吸收氯气，它们中的每一种在离污染源400～500米处，每年每公顷能吸收几十千克氯气。这样既保护了环境，又有利于绿化树种的生存。

绿色植物对环境的保护作用还表现在污水净化方面。随着人口的增长和工农业生产的发展，生活污水和工业废水的排放量与日俱增。据中国科学院国情分析研究小组报道，我国废水排放量1987年就达349亿吨，2000年达412.9亿吨，其中工业废水占70%以上。所排放的工业废水中，90%是不经任何处理直接排放的，因此含有大量对人、畜有害的金属元素（大约1万吨以上）和有毒的有机化合物（约500万吨），如汞、砷、镉、铬、铜、铅、锌和酚、苯、氰化物、有机氮和有机氯等，全国70%的淡水资源因遭受污染而不能直接利用。全国每年由于水污染造成的工业总产值损失竟达200多亿元。因污染造成的各种外部经济损失占国民生产总值的比例将增至10%以上。

要解决人民生存环境的污染问题，就必须积极治理污染源，加强污水处理，然而这要付出巨大的经济代价。例如根据《中国科学报》的报道，从1990年到2000年这10年间，全国若要治理50%～80%的污水，国家将需要投入6 000~10 000亿元的巨资，就我国目前的财力而言谈何容易。因此，最经济有效的措施之一便是植树种草。因为植物在生长过程和进行光合作用时，需要大量水分和各种矿质元素，植物在利用庞大根系吸收水分和溶解在水中的营养物质的同时，也大量吸收水中的有毒污染物，并积累在植物体内，或经植物体转化变成无毒物质，从而大大减少水体中的污染物，为人类造福。例如，小球藻（属单细胞绿藻植物）在适宜的温度和光照条件下，在含有机物质尤其含氮较多的水体中，

它们的个体数目在一昼夜可增加几倍甚至几十倍，人们可利用它们生长迅速和繁殖力强的特点来净化工厂污水中所含的氮、磷和其他污染物。据报道，通常在污水暂存池放养小球藻48小时后，被净化的污水便可用于农田灌溉。如果培养时间达1个月以上，不仅可以使污水得到进一步净化，而且在小球藻光合作用所累积的光合产物中，粗蛋白约达干重的50%，碳水化合物和脂肪含量分别约占10%和10%~12%，并且还含有相当数量的维生素和矿物质等，把它们制成干粉是一种上等的高蛋白饲料。

许多水生和沼生植物，如凤眼莲、菱角、蒲草和芦苇等植物，对汞、砷、镉和镍等有害物质具有很强的吸收能力，对铅、金、银、钴和锶以及苯酚和其他有机污染物也能大量吸收。如把芦苇栽培在试验水池中，结果它们能使水中的磷酸盐、有机氮、铵和悬浮物分别减少20%、60%、66%和30%，而氯化物减少竟达90%之多。因此，可利用这些植物来净化被污染的湖泊和河流，这样不仅可使水质得到改善，而且还可获得大量造纸的好原料。

树木的耗水量大，其庞大的根系要从土壤中吸收大量水分和营养物质，以满足光合作用和生长的需要，与此同时，也吸收大量存在于土壤水分中的有毒物质。因此，利用森林来净化污水已日益受到人们的重视。污水中的氮、磷、其他矿物质和有机物等经树木根系吸收和土壤固定，便可得到净化。经森林净化的水再渗入地下或江湖，便可成为生活或工业的优质用水。同时，用预处理（除去污水中的固体物或淤泥，排除臭气）的污水灌溉森林，还能成倍地加快树木的生长速度，大大提高木材产量，既有良好的社会效益，又有可观的经济效益。

植物还可以使水中的有害细菌大量减少。据报道，在每毫升含有600万个细菌的污水池中种植水葱、水生薄荷和田蓟三种植物，两天后水中的大肠杆菌全部消失。如果把泽泻和芦苇分别种

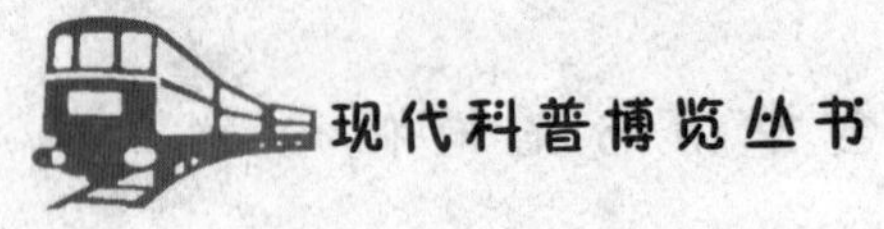

植在上述污水中，12天后，水体中每毫升污水只剩下10万个细菌，细菌数量减少达98.3%。当含大量细菌的污水流过30~40米宽的林带时，水中的细菌数减少一半；如果流过50米宽的林带，细菌数竟减少90%以上。上面这些资料充分说明，植物是人类净化污水的好帮手。

此外，林地、草地、庄稼都能阻挡雨水对地表的冲刷，降低地表水的径流速度，地面上的枯枝落叶能截留雨水使之渗入地层，根系能吸收水分并固定土壤，防止水土流失，起到保持水土和涵养水源的作用。根系吸收的水分，在光合作用过程中大部分通过气孔蒸腾作用，从树冠不断向外界散发，据估算，一个夏天每棵树平均要蒸腾2吨水，因此林区空气的湿度要比无林区高20%左右。由于湿度加大，加上树冠截留15%~40%的降雨量，使水分又随蒸发返回大气，为降雨创造了条件，在同一纬度，林区的降雨量要比无林区的大得多就是这个缘故。植物在蒸腾的同时要不断吸热，按每公顷生长旺盛的森林每年向空气中蒸腾8 000吨水计算，大约要消耗40亿千卡热量，这样可使气温下降，气候更加宜人，加上树冠的遮阴，便为人们创造了一个良好的避暑乘凉的好环境。如果一个国家或地区的森林覆盖率达到30%，而且分布均匀的话，就可基本达到风调雨顺，不会有大的自然灾害发生。这说明植物在涵养水源和调节气候方面起着无与伦比的作用。

可见，绿色植物通过它们的光合作用，不仅可为人类创造大量的物质财富，而且在保护人类和其他生物的生存环境方面也是其他任何力量无法替代的。因此，人们不仅应爱护自然界的一草一木，而且还应大力开展植树造林，扩大草坪面积，提高复种指数，使更多植物通过它们的光合作用为人类造福。

(三）光合作用与能源和信息

光合作用研究从宏观到微观，在空间上已到原子和分子水平，在时间上已到了皮秒和飞秒水平。自20世纪80年代以来，光合作用的研究有了飞速发展，在机制研究上已经到了突破的边缘。由于光合作用基础研究的发展，也带动了有关光合作用应用研究的发展，特别是近十年的研究，光合作用在能源、信息、材料和环境等领域的应用前景已引起人们的注意，这大大扩展了以前人们将光合作用仅与农业联系在一起的传统观念。

有关光合作用机制的研究正在经历一次突破，人们对光合作用的认识已经深入到原子水平，这样就为光合作用的应用提供了坚实的基础。光合作用系统在高效人工光能转换、高效水分解、门与开关电路、电子线路、高速信息存储等方面均有良好的应用前景。有关光合作用体系应用于生物芯片的研究还处于刚刚起步的阶段，目前主要是用一些类似模拟光合作用体系的电荷分离过程，作为分子开关的模型；或研究固定化的光合作用反应中心中的电子传递过程，以便为今后构造生物芯片创造条件。

光存储器具有比现在的磁存储器或半导体存储器更突出的特性，而三维光存储器可比现在的二维光存储器的存储容量要大1 000倍左右，因此今后存储器的发展将以三维光存储器为方向，而生物分子在这个领域具有非常明显的优势。如菌紫质和光合作用蛋白等，具有速度快（小于0.5皮秒）、尺寸小（纳米级）、发热小、并行输入输出、蛋白体自我组装等特点。美国的Birger教授领导的实验室已在研制基于菌紫质的三维RAM存储器，容量为3.4G字节（每字节10位，带错误校验位），可望在8年内达到实用。

另外在人工模拟光合作用的放氧功能方面，已建立其基于聚合物薄膜的金属复合物的模型。在放氢方面，也已构造了包括光合作用体系在内的四种人工体系，并对其机制和应用前景作了总结。总之,光合作用的应用研究虽然目前还处于初级阶段,但由于光合作用体系所特有的优势和特点,它必将在能源、信息、材料和环境等领域发挥更大作用。

六、化学反应和光电化学

（一）神秘的化学反应

化学魔术的表演已把我们带进一个变幻莫测的世界，使我们眼界大开：甲变乙，乙变丙，丙又变成了丁……真令人眼花缭乱，目不暇接。这些神奇的物质变化正是通过化学反应来完成的。化学反应的“魔力”使人们产生了这样的愿望，既然世界万物都是由109种化学元素组成的，那我们就用这109种“砖头”任意搭配，通过化学反应来“筑”起人类所需要的一切物质“大厦”吧。然而并不是所有的化学反应都能够发生。不同的元素和物质都有各自的“脾气”，有的一见面就“难舍难分”，而有的无论你怎么撮合它们都形同陌路。这就告诉人们，物质之间的相互作用是有条件和限度的。

1.物质和能量

看看我们周围的世界吧！大到太阳、月亮、星星这些天体，小到水滴、尘埃、分子和原子，无生命的砖、石、泥沙，有生命的动物、植物，甚至我们人类，都是由物质组成的。我们生活在一个物质的世界中。

我们这个纷繁的物质世界充满了活力。原野中植物沐浴着阳光茁壮成长，海岸边浪花拍击着礁石，公路上汽车奔驰，工厂里马达轰鸣，学生们匆忙地奔向学校。这生机盎然的景象正是由于世界上充满了能量。有了能量才带来动力，有了动力才有了物质世界的千变万化。

能量与物质的变化相伴而生。锲而不舍的老妪把铁杵磨成细针,水转变成蒸汽的力量可以驱使笨重的火车快速奔驰。这些变化中没有产生新的物质,是物理变化。干燥的纸张碰到点着的火柴就会在空气中燃烧,水若电解可以分解成氢气和氧气。能量引起了新物质的产生,这是化学变化。化学变化中产生的新物质并不是无中生有,而是旧物质的分子组成或原子的结合方式发生了变化。化学变化中往往伴随着能量的变化。

1)质量守恒定律

法国化学家拉瓦锡在1772～1774年间曾做了大量的实验。他对金属的氧化还原反应进行了很精确的定量研究。他做了锡、铅、铁煅烧后质量增加的实验,还做了氧化汞(HgO)的合成和分解的实验。他测定出45份重的氧化汞加热分解后,恰恰得到41.5份重的金属汞和3.5份重的氧。这样,拉瓦锡便以精确的实验证明物质虽然在一系列的化学反应中改变了状态,但参与反应的物质总量在反应之始和反应终了都是相同的。也就是说,拉瓦锡证明了化学反应中的质量守恒定律。

2)能量守恒定律

人类在认识自然、改造自然的过程中,很早就与火打交道了,然而人类对火的本质的认识却经过了漫长的时间。对燃烧问题的研究是从18世纪开始的,从提出燃素说到确立"能量守恒定律"经历了近两个世纪,人类的认识也经历了从现象到本质的发展过程。人们从"火"认识到"热",用"热"来改变自己的生活。远古时,人们就用"热"煮熟食品。后来,人们进一步了解了"热",发明了蒸汽机,使人类如虎添翼。现在,人们利用"火"与"热"做饭、取暖、炼钢、冶铁、开动各种交通工具。那么,这神通广大的"热"是什么呢?原来,它是能量的一种形式,叫热能。

现在我们都知道,能量是不能自生自灭的,只能从一种形式

转变成另一种形式。这就是能量守恒定律。18世纪末，由于手工业向机械工业过渡，工业生产开始蓬勃发展，人们对推动机器做功与能量来源问题很注意。许多人企图制造一种不需要任何动力、燃料而能自动不断做功的“永动机”。实践证明这是不可能的。早在1775年，巴黎科学院就宣布不接受关于永动机的发明了。“永动机不可能造成”被称为热力学第一定律。这是人类花了众多劳动，付出了巨大代价，经过了200年的时间才得到的正确认识。

化学能与热能之间的转化很早就引起了人们的重视。热化学的研究是从拉瓦锡和拉普拉斯开始的。他们用冰量热计来计量化学反应中产生的热量，并计算出1摩尔碳燃烧所放出的热量是413.2千焦，现在测定的精确值为393.14千焦，这说明在当时的条件下他们的工作是相当出色的。以后，许多化学家和物理学家通过进一步研究发现了许多热化学规律。1863年，瑞士化学家盖斯发现：一个化学反应过程，不论是一步完成还是分几步完成，所产生的热量不变。例如，碳燃烧生成CO_2产生的热量与碳先燃烧生成CO，CO再燃烧生成CO_2所产生的热量相等。

化学反应的热效应是如何产生呢？我们先来看看放热反应。像氢氧化合生成水，碳燃烧生成二氧化碳的反应就是放热反应。尽管反应开始需要加热，但这两个反应中以热、光、声的形式释放出的总能量比引发这些变化所需的能量大得多。这些能量来自何处呢？原来，在反应前，反应物处在一个较高的能量状态，而在反应后，由于生成物比反应物能量低，更稳定，就会有能量释放出来，这就像高山上的石头落到山下会释放能量的道理一样。如果放出的是热能，就是放热反应。反之，如果把山下的石头搬到山上，外界必须给予它能量。也就是说，反应物的能量如果低于生成物的能量，这个化学反应就要吸收能量。如果吸收的是热能，就是吸热反应。你瞧，在化学反应中我们看到了能量的转化和守恒。能量守恒和转化定律是自然界的普遍规律。自然界的一切物质都有能量，而且能量具有多种不同的形式，可以从一种形式转化为另一种形式。在转化过程中能量总值不变。

2.化学反应的方向

在讨论问题以前，让我们自己当一回化学魔术师，做一个“黑色发面”的小魔术吧。取一些蔗糖放在一只烧杯中，加几滴水把它调成糊状，然后倒入几毫升浓硫酸，立即用玻璃棒搅拌。这时可以看到“黑面”开始发泡胀大。不一会儿，烧杯中就堆满了“黑色的发面”，它还带一点甜味和焦味，就像一只“炭粉面包”。

原来蔗糖是一种碳水化合物，而浓硫酸有很强的脱水性，它会将蔗糖分子中的氢氧元素按水分子的比例脱掉，蔗糖就变成了黑色的碳。生成的碳又与浓硫酸作用生成CO_2气体和SO_2气体，它们与水蒸气一道使碳的体积迅速膨胀并出现孔洞，“黑色发面”就制成了“炭粉面包”。

这个魔术告诉我们，碳水化合物可以分解为水和碳。那么反过来，水和碳能不能合成出碳水化合物呢？如果我们刚才做的“黑色发面”的化学反应能够逆向进行的话，人类就会从繁重的劳动中解脱出来。可遗憾的是，C和H_2O无论如何也不能直接生成碳水化合物，至少在现有条件下还做不到。这就注定了人类无法通过吃点煤、喝点水来生存，而要靠绿色植物进行光合作用产生的淀粉和糖来供给我们必需的能量，就像炼丹术士永远也炼不出长生不老药一样。

1)自然界的自发过程

人类的经验告诉我们，一切自然过程都是有方向性的。水总是从高处流向低处，热量总是从高温流向低温，气体总是从压力大的地方向压力小的地方扩散，而电流也总是从高电位流向低电

位,这样的过程就叫做自发过程。

如果在常温下,让你把一块冰融化掉,你一定不会感觉困难。你只要把它暴露在空气中,它自己就融化了。因为周围的空气温度高,高温物体的热量会自动传给低温物体,冰接受了热量自然会化成水,而且水还会继续吸收热量,使温度升高直到与周围环境的温度达到一致为止。可是如果在室温下让你把一杯水冻成冰,你要是不借助电冰箱或其他制冷设备将会一筹莫展。因为你无法让热量自动从低温物体回到高温物体。没有任何一个自发过程可以自动恢复原状,这就是自发反应的特点。

自发过程也是有限度的,它不会永远进行下去。热量从高温物体流向低温,这个过程的动力是温度差。当温差消失了的时候,这种运动也就停止了。你可以做这样一个实验:取一瓶二氧化氮气体,呈红棕色。其分子越密集,即压力越大,颜色越深。再取另一个抽成真空的瓶子和这瓶气体口对口放好,你会看到什么现象?不一会儿,红棕色的气体充到空瓶中去了。原来瓶子中的气体颜色变浅,直到两个瓶子中的颜色相同为止。这是因为气体从高压流向了低压,过程的动力就是压力差。最后达到压力相等,压差为零,气体的流动也就停止了。这和刮风的道理是一样的。由于地球表面有气压差,大气才会流动,才会形成风。电流从高电位流向低电位靠的是电位差,水从高处流向低处靠的是位能差,那么我们可以将压力差、电位差、位能差以及温差作为这些自发过程能否自发进行的判据。

如果我们将上面的自发过程分析一下,就不难看出,任何一个自发过程都是从能量较高的状态向能量较低的状态进行,从不稳定状态向稳定状态过渡,这是自然界存在的普遍规律。

2)化学反应的方向性

多年以来,化学家一直在思索,哪些化学反应在某一特定条件下能够自发进行？哪些则不能？能否找到一个判断化学反应方向性的判据呢？

科学家经过大量的实验判断，化学反应的自发性时，不仅要考虑到反应中热量的变化，而且还要注意到反应中混乱度的变化情况。也就是说，是两种因素决定了某一化学反应的可能性。

让我们先看几个具体的反应实例。当把浓硫酸倒入水中时，会放出大量的热。这是因为水和硫酸之间的相互作用比两种物质单独存在时的相互作用强得多，体系稳定了，就会放热。两种微粒混合，混乱度也是增加的。所以这个过程既是放热过程，又是混乱度增加的过程。无可置疑，它一定是一个自发过程。

再来看看碳的燃烧反应：

$$2C + O_2 ===== 2CO + 热量$$

这是一个放热的、混乱度减小的反应。那么这个反应可否自发进行呢？这就取决于两种因素中哪种因素占有主导地位了。在这个反应中，放热趋势起主要作用，将混乱度减小的影响克服掉了，反应仍可自发进行。石灰石的分解反应我们都熟悉：

$$CaCO_3 ===== CaO + CO_2 - 热量$$

尽管这是一个吸热反应，但由于混乱度的增加克服了能量升高的影响，反应仍能自发进行。当然，哪种因素起主导作用是需要经过数学计算的，这里我们只作定性的讨论。

现在可以找到一个判断反应自发进行的判据了，那就是产物一定要比反应物更稳定。稳定中包括是否放热和混乱度是否增大。既放热、混乱度又增大的反应一定是自发进行的反应。放

热、混乱度却减小的反应，只有在放热的趋势大于混乱度减小的趋势时才为自发反应，反之，反应就无法进行。而吸热、混乱度增大的反应，如混乱度增大的趋势占主导地位，它也是自发过程。有了这个判据，我们就可对化学反应能否自发进行作出判断了。像碳和水生成碳水化合物，既是吸热过程，混乱度又减小，自然是自发进行的了。

3)外界因素对化学反应的影响

自从19世纪末人们认识到自然界自发过程的方向性以后，有些物理学家和哲学家就提出这样一种论点：如果世界不断地自发运动下去。宇宙的混乱度就会达到最大。那时，宇宙内部的压力变得均匀。温差消失，太阳和地球的温度会达到一致，没有热量传递，我们也就无法利用它们做功，“宇宙的热”死了，世界的末日就会来临。这种论点被称为“热死论”。

“热死论”貌似有理，实则极为荒谬。要知道，熵增加原理只适用于一个没有外界干扰的孤立体系，而这个孤立体系只是无限空间中抽象出来的一个小部分。把有限范围的定理扩大到无限的宇宙，必然导致错误的结论。如果世界果真永远从不稳定到稳定，又如何解释我们周围的一切复杂物质呢？尤其是那些生物体中的物质如蛋白质、脂肪、碳水化合物，以及许多人工合成的胰岛素、维生素等，它们的原子排列那么复杂而有序，并且通常都不如产生它们的较简单的物质那么稳定。我们从中不难看出，“造物主”的安排是极其合理的，有些物质在消亡，有些物质又在创生。这是自然以及人的力量干预的结果。

化学反应也是如此。一个化学反应除其本身的因素外，有时通过控制外部条件也会使它的反应方向发生改变。例如氢气和氧气化合生成水的反应，在600℃～1000℃的温度范围内是一个自发过程。因为此时尽管氢氧变成水的过程混乱度减小，但由于水的能量要远远低于氢分子和氧分子单独存在时的能量,后者起了主导作用而使反应自发地向生成水的方向进行。如果我们将温度升高到4 000℃ ~5 000℃时,混乱度增加的因素就占据主导地位,由此克服了能量升高的因素而使水分解成氢气和氧气的反应成了自发反应。此反应还可采用电解的方法,无需高温就能将水顺利地分解。

人类控制自然的能力总在不断地提高。用这个途径得不到的产物,通过其他途径就可能得到。昨天无法实现的事,今天就可能实现。今天的条件下不可能完成的反应,明天也许会发生。人类就是这样在不断的探索和实践中,合成出许多过去被认为无法合成的物质,像维生素、氨基酸等有机物,塑料、橡胶、人造纤维等复杂的高分子化合物,甚至合成出具有生命活性的蛋白质,使我们的物质世界变得更加丰富多彩。

当然,人类的工作一定要在科学的指导下,克服盲目性。只有掌握了化学反应的内在规律,人类改造自然、认识自然的能力才能产生一个极大的飞跃。

4)化学反应的引发——钻石哪里去了

乌黑的木炭、石墨和光彩夺目的金刚石同属一个家族,它们都是由碳元素构成的,这是今天人人都知道的事实。但在从前,这一点还真令人难以接受呢!

其实,要证明金刚石由由碳构成并不难。我们知道,碳有一个化学性质,就是能与氧气反应生成二氧化碳。几张纸就能把木炭引燃,如果金刚石是碳构成的,当然也能燃烧。早在1649年,佛罗伦萨院士就曾把金刚石和红宝石(由 Al_2O_3 构成)放在一个密闭容器中高温加热。炽热后,金刚石不翼而飞,红宝石却安然无恙。因为红宝石是由氧化铝构成的晶体,可以耐很高的温度。

事实告诉我们,木炭能燃烧,金刚石也能燃烧。还有许多物

质，如汽油、酒精、烟花爆竹都能燃烧。这些可燃物质所含的能量要比经反应后生成的二氧化碳等物质的能量高得多。把它们暴露在空气中，原则上讲都能自发反应。但实际却不然，它们并不无缘无故地燃烧。燃烧需要一个引发条件。不同的物质引发条件不同，一点火星就能点燃煤气和汽油，一块木材可得加热一会儿才行，金刚石的燃烧就更加困难。原来，对引发条件的需求是由反应物本身的结构决定的。金刚石是单质碳的一种特殊晶形，碳原子排列有序，互相之间以牢固的共价键联结。化学反应是一个旧化学键破坏、新化学键生成的过程。要进行碳与氧气的燃烧反应，首先要将金刚石的晶体结构破坏，也就是要破坏碳元素之间的键合力，这就需要为其提供较高的能量。因此，金刚石燃烧以前，必须对它高温加热。一旦碳氧结合生成二氧化碳，又会放出反应热来，加速这一反应的进行。

我们既然可以通过施以外力让某些化学反应发生，当然也可以通过控制某些反应的引发条件来避免某些反应的发生。安全矿灯的发明正是利用了这一点。

19世纪初，英国正处在工业发展时期，需要大量的煤做能源。当时煤矿设备简陋，事故不断发生。1815年的一次煤矿瓦斯大爆炸，就造成数以千计的矿工不幸丧生。事故的原因是矿内用油灯照明，油灯的火焰引燃了可燃性气体甲烷。化学家戴维和他的助手法拉第经过一系列的分析和研究，发现井下可燃性气体主要是甲烷，矿工们叫它瓦斯。怎样才能既用灯火照明，而这灯火又不引燃瓦斯呢？他们知道，只要灯火的温度达不到瓦斯的燃点，消灭了反应的引发条件，瓦斯就不会燃烧爆炸。有一天，一个偶然的现象引起了两位科学家的注意。当他们将一小片铁丝网罩在一个火焰上的时候，他们惊奇地看到，上半截火焰竟突然消失了。这是什么原因呢？戴维想，这一定是因为金属的导热性能好，当火焰穿过金属网罩时，火焰的热量就被金属丝网传走了。此时，上半部火焰的温度降到了燃点以下，所以就不燃烧了。两位科学家高兴极了。经过了许多次实验，他们终于制出了带有金属丝网的矿灯，这种灯可以将火焰热量传走，使温度达不到瓦斯的燃点，却又给黑暗的矿井带来了光明。这种灯一直使用了100多年，拯救了成千上万矿工的生命。而这一伟大的发明正是通过控制化学反应的引发条件才得以成功的。

3.化学反应也有速度

不同化学反应的速度差异极大。炸药爆炸，酸碱中和，都在瞬间完成。而煤、石油、天然气的形成却需要几十万年甚至更长的时间。由于科学技术的发展，人们不再满足于对化学反应速度的表面认识，更希望对它加以控制，对化学反应速度的控制使人类从必然王国向自由王国迈进了一大步。

对于一个理论上已证明能自发进行的化学反应，要投入工业生产，还需考虑许多问题，首要考虑的就是要有合适的反应速度。速度太慢，没有效益；速度太快，有些设备承受不住，对危险的快速反应必须减慢速度以保证安全。因此，控制化学反应速度无论对生产还是科研都意义重大。

化学反应速度有那么大差异，是“谁”在控制它们呢？

打开一瓶香水。把它放在室内的一个角落里，你坐到离它几米远的地方，你会马上闻到香味吗？你一定会说：“当然不会，总要隔一会儿才能闻到。”事实正是如此。

让我们来找找香味不能马上传过来的原因。是因为香水中挥发出来的气体跑得慢吗？事实上气体分子是跑得相当快的。但是气体分子在行进时并不是沿着直线运动的。室内空间充满了空气分子，香水中的分子在这些气体分子中无规则地运动，不断地与它们相碰。据统计，一个氢分子在常温常压下每秒与其他

分子碰撞1 400亿次，这样频繁地碰撞使它们只能走一条曲折迂回的道路，就像你要走出拥挤的商场可不像在无人的足球场上跑一圈那么便当一样。难怪香味到你的鼻孔里要经过一段时间了。

如果把两种可以发生化学反应的分子放在一起，结果又会如何呢？我们把两体积氢气和一体积氧气装在一个容器中，氢分子和氧分子之间就会频繁地碰撞起来，这是二者发生化学反应生成水的先决条件。如果两种分子每次碰撞都可以发生反应的话，这个反应瞬间就完成了。但实际情况是，在常温常压下，这一反应进行得非常慢，以致我们都无法觉察出来。这是为什么呢？原来，尽管氢氧分子的碰撞次数很多，但大部分分子由于携带的能量不够，碰撞仅为弹性碰撞，不能发生反应。只有那些具有较高能量的分子之间相撞，才可能将氢气分子和氧气分子撞开重新组合生成水。我们把这样的分子叫“活化分子”。

活化分子与其他分子的不同之处就在于它有较高的能量，这个能量要达到或高于能发生特定化学反应的最低能量。当然，不同的化学反应具有不同的最低能量要求。一定温度下，尽管每个分子的能量各不相同，但我们可以用统计的方法计算出分子的平均能量。大部分分子的能量都集中在平均能量附近，远离这一能量的分子总是少数。

我们假设把一定温度下的一批分子带到运动场进行跳高比赛。先把横杆放在分子和平均能量高度E_1上，分子们除个别极弱的以外，大都跨过了横杆。在我们把横杆上升一个高度。这可不是一个普通的高度，这是能发生某一化学反应的最低能量高度，用E_2表示。分子们都希望自己能跨越这一高度，可是大部分分子由于实力不足，只能“望杆兴叹”。只有少数分子，勇敢地起跳，一下子跃过了横杆，个别分子还大大地超过了它。这些跳过去的分子就是活化分子。化学家把能发生化学反应的最低能量(E_2)与分

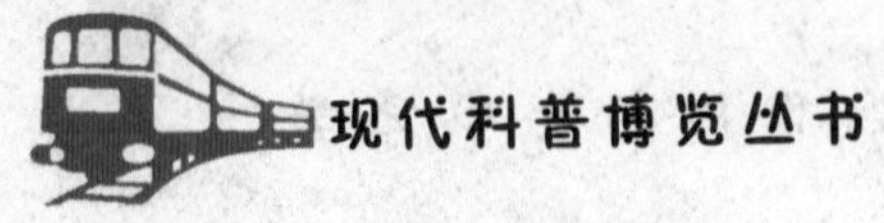

子的平均能量(E_1)之差叫活化能(E_α)。即：

$$E_\alpha = E_2 - E_1$$

那些跳过横杆的分子们已具备了化学反应的初步条件，下一步就要看它们的“运气如何”了。

要想发生化学反应，有足够的能量还不行，还要有适当的进攻方向。例如，一氧化碳与二氧化氮相遇会生成二氧化碳和氧化亚氮。反应如下：

$$CO(气) + NO_2(气) \rightarrow CO_2(气) + NO(气)$$

你瞧，那些跳过E_2横杆的一氧化碳和二氧化氮活化分子们在不断碰撞，只是有些分子找错了对象。有的一氧化碳分子一头撞到了自己的“同胞”，有的二氧化氮分子也迎面碰上了自家“兄弟”。有的一氧化碳分子刚好撞上了二氧化氮分子，却又因为进攻的方位不对而使反应无法完成。如果一氧化碳分子中的碳原子撞上了二氧化氮中的氮原子：

```
           O
          /
O—C → N
          \
           O
```

这种碰撞无法使反应发生，叫无效碰撞。只有用碳原子去与二氧化氮中的氧原子相撞，反应才能发生。即最终生成NO和CO_2。我们把能发生化学反应的碰撞叫有效碰撞。

这样算来，分子能发生有效碰撞的可能性就小多了，化学反

应速度也比我们预期的慢得多。但有一点是可以肯定的，活化分子的数目越多，发生的有效碰撞也就越多，化学反应速度就会越快。我们称这种理论叫碰撞理论，它是20世纪初以气体理学理论为基础而提出的。碰撞理论确实解释了不少实际问题，但它把分子都看成一些刚性小球，对复杂分子的碰撞就无法解释，也不能很好地进行定量计算。

20世纪30年代，艾林等人又提出了过渡态理论，对碰撞理论做了适当的补充和修正。过渡态理论对碰撞瞬间的过程有较细致的描绘。该理论认为：反应分子进行有效碰撞后，首先进入一个过渡状态，这个过渡态是旧分子破坏和新分子形成的中间产物。如：

$$A+B—C \rightarrow A\cdots B\cdots C \rightarrow A—B+C$$

过渡态

过渡态中由于电子云的排斥作用，能量较高，所以分子从反应物变为生成物，中间要经过一个高能量状态。尽管一个化学反应的发生是必然趋势，但不具有足够能量的活化分子，翻过这座高山到达终点也是不可能的。这就是为什么氢氧化合生成水的反应在常温下那么困难和缓慢的原因了。

化学反应速度尽管受到反应本身的内在因素的制约，但通过改变外界环境，反应速度也是可以用人力来控制的。

我们都会注意到，温度是加快化学反应速度的一个重要因素。温度为什么能加快反应的速度呢？首先，我们知道温度升高以后，分子的热运动加快，分子间无规则的碰撞次数增多了，但这仅仅是加快反应速度的一个微不足道的原因。最关键的原因是，温度升高以后，分子的平均能量就会提高，活化分子的数目大大增多了。如果还用跳高来比喻，那就是分子们经过了“热身训练”，水平已是今非昔比，跳过E_2横杆的“人数”大大增多。活化分子数目增多，有效碰撞的比率就会大大提高，难怪化学反应速度会加快那么多呢。

温度升高对任何化学反应来说都能加快反应速度。当然，降低温度时，反应速度也会减慢。生产上，金属的冶炼、合成氨反应的进行都采用高温条件，而生活中，用冰箱存放食品使用的是低温条件，这都是利用温度对反应速度的影响采取的措施。19世纪中期以来，化学家们就试图用各种不同的经验式来表示温度对反应速度的影响。荷兰化学家范特霍夫就曾通过大量的实验测知，温度每升高10℃，反应速度增大2～4倍。后来他又提出了温度对化学反应速度影响的关系式，人称范特霍夫公式。鉴于他对化学动力学和热力学研究的贡献，他获得了1901年的诺贝尔化学奖，成为第一位获得诺贝尔奖金的化学家。

影响化学反应速度的还有其他因素，比如浓度、压力以及催化剂等。

反应物的浓度提高，分子总数多了，活化分子的数目也会相应增多，且分子间相互碰撞的机会增多了，反应速度增大也就在所难免了。还拿跳高比喻，反应物浓度增大，好比参加跳高的分子总数增加了一倍，原来如果10个分子中有2个能跳过E_2横杆，现在20个分子中就有4个分子能跳过去。尽管比例不变，但活化分子的总数却增多了，反应速度当然要快了。

有些气体反应常常要在高压下进行，原理也是一样。这是因为压力高，分子密度就增加，也就相当于浓度增大，反应速度也会加快。这也相当于增加反应物的浓度。

用增加反应物浓度来提高反应速度的方法是依靠增加活化分子的数目。但在一定温度下，分子的平均能量不变时，活化分子的数目总是有限的。能否将一个化学反应的活化能降低，反应速度就会快得多，有时还无需高温高压这样的苛刻条件。于是，

化学家找到了催化剂。

催化剂是如何加快反应速度的,化学家一直在进行深入的研究。大家都知道,在反应前后催化剂的质量和化学组成都没有变化,但这并不意味着它没有参加反应。在氯酸钾分解生成氧气的反应中,我们放入二氧化锰作催化剂。人们观察到,反应前二氧化锰是颗粒状,反应后则变成了粉末状。这就说明催化剂在反应过程中也参与了反应,只是反应完成后它又从中撤出来了罢了。可由于它的加入,原来反应的路径改变了,有时一步反应变成两步,两步变成三步,这种改变使原反应的活化能大大降低了。

化学家们曾详细研究过乙醛分解成甲烷和一氧化碳的反应。反应式为:

$$CH_3CHO \rightarrow CH_4 + CO$$

在245℃时,反应活化能高达每摩尔190千焦。采用碘蒸气做催化剂时,该反应分两步进行:

$$CH_3CHO + I_2 \rightarrow CH_3I + HI + CO$$

$$CH_3I + HI \rightarrow CH_4 + I_2$$

两步活化能的总和才只有每摩尔136千焦,每一步的活化能就更低了。还用分子进行跳高比赛来比喻的话,能跳过两个矮杆的分子数目肯定要比一下子跳过一个高杆的分子数目多得多。由于反应活化能降低,活化分子数目大大增多,反应速度就会快得多。实验测定,上述反应用催化剂要比不用催化剂时的速度快6000倍。

大家熟知的例子还有合成氨反应:

$$N_2 + 3H_2 \xrightarrow[\text{催化剂}]{\text{高温、高压}} 2NH_3$$

这个催化反应是在金属表面进行的。由于金属铁的参与，反应历程改变了。首先铁将氮吸附在其表面上，使氮的化学键松弛，解离成氮原子并与铁生成铁的氮化物，然后氢气与铁的氮化物反应，最后生成氨。这两步反应的活化能比原来一步反应的活化能低得多，有效地加快了化学反应速度。这种气体在固体催化下发生反应，由于催化剂与反应物不在同一相中，所以称为多相催化。

生物体内的化学反应都是在极其和平的条件下进行的。我们每天吃进的食物，在37℃体温、常压下就能转化成肌体所需的各种营养物质。这是因为人体中有一种特殊的生物催化剂——酶的缘故。由于酶的存在，人体内各种反应的活化能大大降低。

今天，人们已不满足于知道酸能使淀粉水解，重金属使过氧化氢分解加快了，人们正在积极探索模拟生物体内酶的催化功能的方法，并取得了不小的进展。

植物生长需要氮肥，全世界每年要生产大量的氨以供农业之用。我们现在的合成氨生产要用氮气和氢气做原料，在高温、高压和催化剂条件下进行，仅提供耐压、耐热设备一项就要花费大量资金。人们早就发现，在大豆、花生等豆科植物的根部有大批根瘤菌，根瘤菌中有一种固氮酶，它能直接利用空气中的氮合成氨，供给植物吸收。人们希望通过人工合成的方法制出这种酶，使合成氨的反应能在常温常压下快速进行。但要造出这种酶甚至比造宇宙飞船还困难。科学家们经过几十年不懈的努力，终于

制成了有固氮本领的模拟酶。模拟酶在常温和常压下,几秒钟就可以将空气中的氮和水中的氢直接联结成“联氨”。联氨经加温后可以释放出氨,供植物吸收。氨是植物的肥料,也是化学工业的基本原料。可以预计,在不远的将来,当固氮酶能够大批量生产的时候,将会出现农业和化学的一次革命,出现魔术般的奇迹。

4.化学反应的限度

一个化学反应,如果它能够发生,反应速度也较快,那么它就能为人类创造财富。但是能创造多大的财富,还与这个反应能够进行到什么程度有关。

当我们通过乙烯与水反应制造工业酒精的时候,如果投入1体积的乙烯和1体积的水蒸气,在400 K的温度和10个大气压的条件下,仅有30%左右的乙烯变成乙醇。根据反应式:

$$\underset{\text{乙烯}}{CH_2—CH_2} + H_2O \rightarrow \underset{\text{乙醇}}{CH_3CH_2OH}$$

1分子乙烯,1分子水,应生成1分子乙醇。那么可否让乙烯100%地转化为乙醇呢?工程师们想了许多办法,产率虽然略有提高,但却不可能让乙烯全部转化为乙醇。也就是说,这个反应有一个限度。

19世纪,欧洲的工业发展得十分迅速,高炉炼铁已相当普及。炼铁的过程是通过焦炭在高温下生成一氧化碳,而一氧化碳和氧化铁在高温下反应将铁还原出来:

$$Fe_2O_3 + 3CO \rightarrow 2Fe + 3CO_2$$

那么最终的产物就应该是铁和二氧化碳。但对高炉气体的分析发现,从炉顶逸出的气体中还存有相当量的一氧化碳。有些工程师认为,产生这种现象的原因是反应物作用的不完全,只要将高炉加高,一氧化碳就会转变为二氧化碳,但是无论将高炉加得多么高也都无济于事,仍有一定比例的一氧化碳存在。法国化学家吕·查德里经过研究发现,产生这种现象的原因是因为尽管一氧化碳会不断变成二氧化碳,但同时二氧化碳也在不断地与高炉中的炭作用再生成一氧化碳,这原来是个可逆反应:

$$C + CO_2 —— 2CO$$

而氧化铁恰恰是生成一氧化碳这一反应的催化剂。所以,高炉气中存有一定比例的一氧化碳是不可避免的。从这里,人们开始认识了化学反应的可逆性。

就拿氢氧化合生成水的反应来说吧,在不同的温度下反应进行的方向不同。在600℃~1 000℃时,生成水的反应倾向占绝对优势:

$$2H_2 + O_2 \rightarrow 2H_2O$$

而在4 00℃~5 000℃时,水分解的倾向占绝对优势:

$$2H_2O \rightarrow 2H_2 + O_2$$

这时候,两个反应基本上是不可逆的。但在1 000℃~4 000℃范围内,可逆性比较显著。即:

$$2H_2+O_2 —— 2H_2O$$

那就是说，此时如把氢气、氧气混在一个密闭容器中，在这个温度下氢、氧不会全部化合生成水，水也不会全部分解成氢气和氧气。这种不断分解和不断化合的结果使容器内氢气、氧气、水蒸气共存。我们把这种正逆反应倾向都比较大的反应叫可逆反应。

有机反应中，可逆反应更为普遍。我们开始讲到的乙烯加水生成乙醇的反应就是一个可逆反应，我们把这样的反应用一个"——"符号来表示。

化学反应的这一特征就影响了化学反应的产率，人们需要研究它们什么时候不再继续生成产物了。这就是化学反应的平衡点。

利用氮气和氢气做原料实现合成氨工业化，一直是人们的愿望。这项工作前后经历了100多年的时间。1795年，希尔兰德就曾试图在常压下进行合成，其他人也曾尝试在50个大气压下完成这一反应，但都失败了。1850～1900年间，物理化学的研究有了很大进展，人们认识到氮氢制氨的反应是一个可逆反应：

$$N_2 + 3H_2 —— 2NH_3 + 热量$$

也就是说，你不可能使这个反应向一个方向进行，那么在一定条件下，合成氨的产率总是一个不大的数值。

20世纪初，很多化学家积极从事合成氨的实验和理论研究。德国化工专家哈伯经过了多次的失败，终于在1909年报道了他用锇催化剂得到氨浓度为6%的产率。尽管这个产率少得可怜，设备笨重，催化剂又昂贵，但毕竟是取得了一个具有实用价值的工艺方案，使合成氨有可能迈出实验室实现生产的工业化。后来由于不断改进工艺，产率有所提高。当压力为300大气压，温度为500℃，氮氢比为1∶3时，氨的合成率达到26.4%。在这样的条件下，这已是一个无法突破的数字。这是因为外界条件恒定时，开始氮、氢的浓度很大，氨生成的速度很快，逆反应速度较慢。随着反应的进行，氮、氢浓度将减少，生成氨的速度逐渐变慢，而由于氨浓度的增大，氨的分解速度却在逐渐增大。最终，氨的生成速度和分解速度相等，即正逆反应速度相等了。此时，反应体系中各种物质的浓度不再变化。这种状态称为化学平衡状态。此时氨在总气体中的浓度比就是氨的产率。到达平衡的这一点就是可逆反应的平衡点。到达平衡点时，各反应物和生成物之间的浓度比是一个常数，我们把它叫平衡常数，用K表示。

每一个可逆反应在达到平衡时都有一个平衡常数K。K值越大，说明平衡时生成物浓度与反应物浓度的比值越大，即反应进行得越完全。我们常用平衡常数来判断一个反映的倾向。如平衡常数大，表明正反应的倾向大。比如在某温度下，$H_2 + Br_2 \rightarrow 2HBr$的反应$K$=51.2，而$CO + H_2O$ —— $CO_2 + H_2$的反应K=1，说明后一个反映的倾向比前一个反应小多了。

由于反应存在一个平衡常数，反应完成时，生成物与反应物总会有一定的浓度比，这就是一个反映的产率。这个比值不太大的话，就是说，无论如何，你所投下的反应物都无法完全变成生成物，这也就是为什么合成氨的产率总是停留在一个不大的数值上的原因。

但是可否改变这一平衡点，让产率有所提高呢？这是化学家们又一关心的问题。

吕·查德里是通过对高炉气的研究发现了化学反应的可逆性的。他深深地感到研究平衡条件十分重要。在其他化学家的启发下，在分析了大量事实的基础上，他提出了平衡移动原理。他认为，每一处在稳定的化学平衡状态的体系都会屈从于外力的影响，因此平衡总是向减小外力的方向移动。

在生产上，如果增大反应物中的某一种易得或廉价的物质的浓度，就可使另一种成本较高的原料得以充分利用。例如，合成氨需要的氢气可通过甲烷与水蒸气反应来得到。即：

$$CH_4 + H_2O —— CO + 3H_2$$

为了提高甲烷利用率，我们就采用加大水蒸气的量这一方法。另外，如能及时将产物取出，也会使反应进一步向生成物方向进行。

如果是气体反应，且反应前后气体分子数不同的话，压强也会影响平衡。人们发现，当加大压强时，合成氨的产率就会提高。原来，合成氨反应中参加反应的气体分子数是4个，而生成物的分子数是2个：$N_2 + 3H_2 —— 2NH_3$，反应过程是气体分子数减少的过程。所以，加大压强会使平衡向生成氨的方向移动，以减小外界施以的压力。

温度也影响化学平衡。我们在烧瓶中充入二氧化氮和四氧化二氮混合气体。这两种气体之间可以相互转化：

$$2NO_2 —— N_2O_4 + 56.8\text{千焦}$$

此反应正反应为放热反应，逆反应为吸热反应。二氧化氮是红棕色气体，四氧化二氮为无色气体。在常温下，反应达到平衡时，烧瓶的颜色为浅棕黄色。你把烧瓶浸入热水中，气体颜色变深，说明NO_2浓度增大；你再把烧瓶浸入冰水中，它的颜色变浅，你可以肯定是N_2O_4增多而NO_2减少了。这就告诉我们，温度升高，平衡向吸热反应方向移动，温度降低，平衡就向放热反应方向移动，以减小外力的影响。需要说明的是，如果升高温度，正逆反应的速度都会增加,但增加的程度不同,吸热方向速度增大的比例大于放热方向,所以平衡点才会发生这样的移动。

催化剂在加快反应速度的同时,也加快了逆反应的速度,且增大的比例又都一样,所以它不能改变反应的平衡点。因此,靠催化剂是无法提高产率的。

化学反应的规律很多,有的还非常复杂。但化学家们探索它的方法却越来越先进,越来越科学。各种电子仪器及光学仪器的发明给化学研究提供了方便条件。电子计算机的使用更使化学理论的研究产生了定性到定量的飞跃。比如,光电化学就是现代化学发展的一个重要分支。

(二) 光伏效应与光伏发电

“光生伏特效应”,简称“光伏效应”,英文名称:Photovoltaic effect。指光照使不均匀半导体或半导体与金属结合的不同部位之间产生电位差的现象。它首先是由光子(光波)转化为电子、光能量转化为电能量的过程;其次,是形成电压过程。有了电压,就像筑高了大坝,如果两者之间连通,就会形成电流的回路。

早在1839年,法国科学家贝克雷尔(Becqurel)就发现,光照能够使得半导体材料的不同部位之间产生电位差。这种现象后来被称为“光生伏特效应”。1954年,美国科学家恰宾和皮尔松在美国贝尔实验室首次制成了实用的单晶硅太阳电池,诞生了将太阳光能转换为电能的实用光伏发电技术。太阳电池工作原理的基础是半导体P-N结的光生伏特效应,就是当物体受到光照时,物体内的电荷分布状态发生变化而产生电动势和电流的一种效应。

当P-N结受光照时,样品对光子的本征吸收和非本征吸收都将产生光生载流子(电子-空穴对)。但能引起光伏效应的只能是本征吸收所激发的少数载流子。因P区产生的光生空穴,N区产

生的光生电子属多子，都被势垒阻挡而不能过结。只有P区的光生电子和N区的光生空穴和结区的电子空穴对（少子）扩散到结电场附近时能在内建电场作用下漂移过结。光生电子被拉向N区，光生空穴被拉向P区，即电子空穴对被内建电场分离。这导致在N区边界附近有光生电子积累，在P区边界附近有光生空穴积累。它们产生一个与热平衡P-N结的内建电场方向相反的光生电场，其方向由P区指向N区。此电场使势垒降低，其减小量即光生电势差，P端正，N端负，此时费米能级分离，因而产生压降，在硅片的两边加上电极并接入电压表。对晶体硅太阳能电池来说，开路电压的典型数值为0.5～0.6V。通过光照在界面层产生的电子－空穴对越多，电流越大。界面层吸收的光能越多，界面层即电池面积越大，在太阳能电池中形成的电流也越大。

光伏发电是利用半导体界面的“光生伏特效应”而将光能直接转变为电能的一种技术。这种技术的关键元件是太阳能电池。太阳能电池经过串联后进行封装保护可形成大面积的太阳电池组件，再配合上功率控制器等部件就形成了光伏发电装置。光伏发电的优点是较少受地域限制，因为阳光普照大地；光伏系统还具有安全可靠、无噪声、低污染、无需消耗燃料和架设输电线路即可就地发电供电及建设周期短的优点。

太阳能发电有两种方式，一种是光—热—电转换方式，另一种是光—电直接转换方式。

(1) 光—热—电转换方式。通过利用太阳辐射产生的热能发电，一般是由太阳能集热器将所吸收的热能转换成工质的蒸气，再驱动汽轮机发电。前一个过程是光—热转换过程；后一个过程是热—电转换过程，与普通的火力发电一样。太阳能热发电的缺点是效率很低而成本很高，估计它的投资至少要比普通火电站贵5～10倍。

(2) 光—电直接转换方式。该方式是利用光电效应，将太阳辐射能直接转换成电能，光—电转换的基本装置就是太阳能电池。太阳能电池是一种由于光生伏特效应而将太阳光能直接转化为电能的器件，是一个半导体光电二极管，当太阳光照到光电二极管上时，光电二极管就会把太阳的光能变成电能，产生电流。当许多个电池串联或并联起来就可以成为有比较大的输出功率的太阳能电池方阵了。太阳能电池是一种大有前途的新型电源，具有永久性、清洁性和灵活性三大优点。

光伏发电的优点主要体现在：

①无枯竭危险；

②安全可靠，无噪声，无污染排放，绝对干净(无公害)；

③不受资源分布地域的限制，可利用建筑屋面的优势；例如，无电地区，以及地形复杂地区；

④无需消耗燃料和架设输电线路即可就地发电供电；

⑤能源质量高；

⑥使用者从感情上容易接受；

⑦建设周期短，获取能源花费的时间短。

当然，太阳能电池板的生产却具有高污染、高能耗的特点。在现有的条件下，生产一块1m×1.5m的太阳能板必须燃烧超过40千克煤，但即使中国最没有效率的火力发电厂也能够用这些煤生产130千瓦时的电(一般一块1m×1.6m的太阳能板一年发电量在250千瓦时以上)，光伏发电的主要缺点有：

①照射的能量分布密度小，即要占用巨大面积；

②获得的能源同四季、昼夜及阴晴等气象条件有关；

③目前相对于火力发电，发电机会成本高；

④光伏板制造过程中不环保。

（三）光电催化

光电催化指的是通过选择半导体光电极（或粉末）材料和（或）改变电极的表面状态（表面处理或表面修饰催化剂）来加速光电化学反应的作用。光电化学反应是指光辐照与电解液接触的半导体表面所产生的光生电子－空穴对被半导体电解液结的电场所分离后与溶液中离子进行的氧化还原反应。光电催化是一种特殊的多相催化。最有意义的光电催化是转换太阳能为化学能的贮能反应，如铂/钛酸锶或铂/钽酸钾催化太阳光分解水，产生氢和氧。

半导体光电极在将光能转换为化学能的光电化学电池中，用半导体材料作光电极，起光吸收和光催化作用。n型半导体构成光阳极，只催化氧化反应；p型半导体构成光阴极，只催化还原反应。但半导体表面一般不具有良好的反应活性，电极反应往往需较高的过电位。经过适当的表面处理(如热处理、化学腐蚀和机械研磨等)来改变电极的表面状态（如价态分布、晶格缺陷、晶粒粒度、比表面和表面态分布等），可以大大改善其催化活性。表面修饰的半导体光电极单纯半导体光电极一般催化活性不高，采用表面修饰方法（如沉积法、强吸附法、共价法和聚合成膜法等）将具有某些功能的物质(金属、半导体、化学基团和聚合物)附着于电极表面，使它成为表面修饰电极，就能改善和扩大电极功能。当具有催化活性的物质以高分散的岛状分布修饰在半导体电极表面并形成透光的肖特基接触时，就可能改变反应势垒，提高反应速率。例如，在半导体二氧化钛光阳极表面修饰上铂或钯，可大大提高乙醇水溶液光电催化氧化同时放氢的速率。

太阳能利用中的光电催化问题目标是提高太阳能转换成化学能的光能转换效率，以期取得应用价值。除光电催化水分解以制取氢燃料外，光电催化固氮成氨，固二氧化碳成有机物，光电合成化学药品和材料以及利用光电催化变废为利、保护环境等，都是有理论和实践意义的太阳光电催化的课题。

目前普遍存在的问题是：光能转换效率低，大多在1%～3%甚至更小；催化剂活性不够高；催化剂选择性不够好，大多是系列产物分布；催化剂寿命不够长，连续使用期仅数月或数年。

最新研究的系统使用金电极，金电极采用磷化铟(InP)纳米颗粒层包复。然后，研究人员在层状排布上引入铁-硫络合物[$Fe_2S_2(CO)_6$]。当浸没在水中，并在相当小的电流条件下用太阳光照射时，该光电催化系统就可产出氢气，效率为60%。

东英吉利大学研究人员给出了反应的以下机制：到达的光粒子被InP纳米结晶所吸收，在InP上激发出电子。在这一激发状态，电子可被转移到铁-硫络合物中。

在催化反应中，铁-硫络合物然后通过这些电子，使之成为包绕水中的氢离子(H^+)。金电极不断地向InP纳米结晶供应必要的电子。

与现有的过程不同，新系统工作无须采用有机分子。现有过程必须被转换成激发态才能参与反应，反应也会随时间而降级。这一问题限制了使用有机组分的系统寿命。而新系统纯粹为无机物质，可使用很长新开发的光催化电极系统，坚固耐用、高效、廉价，且无有毒的重金属。它可成为工业化生产氢气十分有前途的替代方案。

（四）光敏化作用

光敏化作用（photosensitization）即光动力作用（photodynamics），是指任一化学或生物学反应，在可见光照射下，必须有一敏化剂参与光吸收才能发生，并需要氧的参与。光动力作用物质称基质，它们都是蛋白质、酶与核酸等。蛋白质和酶中的敏感组分

都是含硫氨基酸和芳香氨基酸，核酸中的敏感组分是鸟嘌呤。光动力作用使生物膜脂的脂肪酸氧化，从而使膜变得脆弱，光氧化作用包括单线态氧的氧化、自由基的氧化与电子转移的氧化，这些对膜和细胞必然产生破坏作用。最有效的敏化剂是那些三重态寿命较长而量子效率又高的物质。如染料（甲烯蓝、玫瑰红与曙红等），色素类（叶绿素、卟啉与黄素等），芳香碳氢化合物（红烯、一些蒽类化合物）等。

临床应用的光敏剂应该是无毒的，能选择性地集中在病灶组织中，并能被穿透组织能力强的光(600～800nm)所激发。要求光敏剂不但其光化作用光谱波较长，而且能进入细胞与细胞的光敏基质紧密结合。尽管已经研究了上千种不同类型的光敏化剂，但迄今临床光动力治癌用的药物，在国内外还是20世纪60年代初研制的血卟啉衍生物HpD和20世纪80年代初研制的光敏素Ⅱ(PhotofrinⅡ，商品名PorfimerSodium)，这是第一代光敏剂，因为药物诸多不足，副作用明显，光敏剂第二代已经广泛用于临床。

光敏化与手术、化疗、放疗等常规治疗手段相比，光动力治疗具有许多重要的优点：

（1）创伤很小：借助光纤、内窥镜和其他介入技术，可将激光引导到体内深部进行治疗，避免了开胸、开腹等手术造成的创伤和痛苦。

（2）毒性低微：进入组织的光敏药物，只有达到一定浓度并受到足量光照射，才会引发光动力学反应而杀伤靶向细胞，是一种局部治疗的方法。人体未受到光照射的部分，并不产生这种反应，人体其他部位的器官和组织都不受损伤，也不影响造血功能，因此光动力疗法的毒副作用是很低微的。

（3）选择性好：光动力疗法的主要攻击目标是光照区的病变组织，对病灶周边的正常组织损伤轻微，这种选择性的杀伤作用是许多其他治疗手段难以实现的。

(4)适用性好:光动力疗法对不同细胞类型的病灶组织都有效,适用范围广;而不同细胞类型的病灶组织对放疗、化疗的敏感性可有较大的差异,应用受到限制。

(5)可重复治疗:靶向细胞对光敏药物无耐药性,病人也不会因多次光动力治疗而增加毒性反应,所以可以重复治疗。

(6)可协同手术提高疗效:对于尖锐湿疣患者,疣体过大时,需要使用激光、冷冻等方法去除大疣体之后,再进行光动力治疗。由此临床医生总结出三阶段疗法。

(7)可消灭隐性病灶:临床上有些疾病如尖锐湿疣,在主病灶外可能有散在的肉眼看不见的微小亚临床和潜伏感染,常规治疗手段只能去除显性病灶,对隐性病灶无能为力,但用光动力疗法后表面照射的方法,消灭可能存在的所有微小病变,从而大大减少复发的机会。

(8)可保护容貌及重要器官功能:对于颜面部的皮肤癌、口腔癌、阴茎癌、宫颈癌、视网膜母细胞瘤等,应用光动力疗法有可能在有效杀伤癌组织的情况下,尽可能减少对发病器官上皮结构和胶原支架的损伤,使创面愈合后容貌少受影响、保持器官外形完整和正常的生理功能。生殖器尖锐湿疣不能使用激光、冷冻等物理方法,必须使用艾拉光动力才可以做。

迄今为止,光动力疗法已成功用于治疗各种体表、口腔颌面部及腔内肿瘤,特别是皮肤基底细胞癌、鳞状细胞癌、阴茎癌、子宫颈癌、乳腺癌、舌癌、唇癌、喉癌、食道癌、胃癌、直肠癌,还可以通过B超或CT引导介入或直视手术条件下治疗肝癌、胰腺癌、肾癌、周围型肺癌。另外,还可用于癌前病变和良性疾病如Barrett食管、鲜红斑痣、牛皮癣、红斑狼疮、老年性眼底黄斑等。它既可单独使用,使早期癌症得到根治,也可以配合手术、放疗、化疗、生

物治疗等其他综合治疗手段，对晚期肿瘤病人进行姑息治疗，延长病人生存期和提高生存质量。

医学临床和实践中，皮肤科医生方便使用简称艾拉或光动力，实指：艾拉光动力(ALA-PDT)、艾拉光动力技术、艾拉光动力疗法、光动力技术、光动力疗法、光动力疗法、光动力学疗法、光动力综合疗法、光动力渗透疗法。

（五）光化学储能

光化学储能是指利用光化学反应进行储能的技术。光化学反应又称光化作用，是指物质一般在可见光或紫外线的照射下而产生的化学反应，是由物质的分子吸收光子后所引发的反应。

光化学储能是化学储能技术中一个重要的分支，在太阳能存储领域中具备诱人的应用前景。光化学存储材料的优点在于能够在同一时刻完成对太阳光的捕获和存储两个环节，无须增添其他能量转换设备，储能方式显得更加省事便捷。

由于太阳能的利用受地域性和时间性问题的制约，如何有效存储和高效转换是开发及利用太阳能急需解决的的关键技术问题。光化学储能作为一种重要的化学储能技术，在太阳能存储领域中具备诱人的应用前景。

光响应化合物偶氮苯类分子由于其具有良好的吸收、可循环的异构化和特殊基团结构的设计等优点，可利用自身的光异构化反应实现太阳能的存储和释放，是一种极具潜力的新型太阳能储能材料。由于偶氮苯化合物的异构化速率、吸收光谱范围等性能受其取代基团、溶剂极性等因素影响，研究偶氮苯化合物异构化性能的影响因素对偶氮苯类化合物储能材料的设计、制备与应用

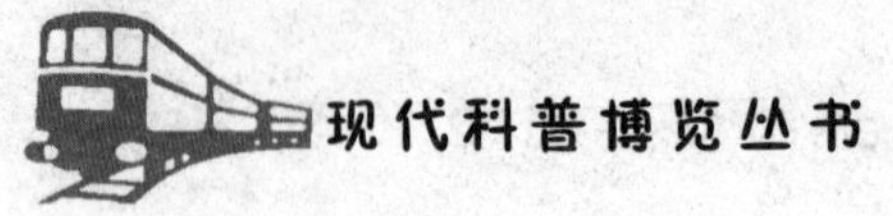

具有重要的指导意义。

化学储能的原理是利用化学反应热的形式,可逆地将吸收的能量(太阳能、地热能等)存储起来,在需要提供能量时,通过外界触发逆转将能量以热的形式释放出来。相比前两种存储方式,化学储能材料具备体积变化小、无相变过程、不存在相分离和过冷问题等优点,且化学能的瞬间释放功率很大。由于化学能比相变潜热大,所以其储能密度通常情况下要比其他储能方式大得多。

光化学反应包含双分子光加成反应和单分子光致异构反应,而单分子光致异构反应又可细分为几何异构和价键异构两种。光化学存储材料的优点在于能够在同一时刻完成对太阳光的捕获和存储两个环节,无须增添其他能量转换设备,储能方式显得更加省事便捷。Timothy Kucharski 认为光致异构化在"黑暗中也能获取太阳能",也就是即便在阴天,光致异构化反应仍然具有一定的效率,且其能够在常温下将能量存储于化学键中,并通过保持必要的时间,在使用的时候以少量的活化能激发令能量通过热的形式释放出来。

人们研究光致异构化现象已长达一百多年的历史,早在1906年,化学家Weigert注意到异构化分子的化学键变化会引起其自身能量的改变,进而提出可以利用化学键来存储太阳能。紧接着,Calvin团队也提出了通过合成笼状或者小环化合物来存储太阳能。20世纪初,光致异构化的研究主要停留在价键异构储能,这主要是由于价键异构的储能能力强,特别是作为价键异构的典型代表化合物——苯,其在光作用下能够异构化为棱柱烷,贮存的太阳能高达4 000 kJ/kg,但由于其光反应的量子产率比较低,且产物十分复杂,棱柱烷只是其光反应众多产物中极小的一部分,所以难以将其分离并应用于太阳能储存领域。20世纪80年代末,Smith等发现在光照下降冰片二烯能够异构化为四环烷这一现

象，并对其进行了大量的研究，这种具有高张力笼状结构的大密度液态烃，在温度低于127℃，氮气保护的情况下能够正常存储，且储能能力高达1 212.2 kJ/kg，但由于降冰片二烯的吸收光波段发生在远紫外区域，且反应的量子产率很低。20世纪末，Yamashita等用结构修饰的方法得到了一系列新型的NBD(norbomadiene)修饰物，虽然产物的光吸收波段有所红移且量子产率也得到相应提高，但降冰片二烯长期暴露在阳光下容易发生降解，致使性能衰减严重而无法长期重复使用，因而将其作为太阳能光化学储能材料的可靠性受到质疑。2010年，美国麻省理工学院的杰弗里·格罗斯曼等人揭示了二钌富瓦烯(fulvalene diruthenium)的独特性质：能够以热的形式将吸收到的太阳光能量无限期储存。由于材料中用到了金属钌，这是一种稀有金属且价格昂贵，无法大规模投入使用，且二钌富瓦烯的储能密度较锂电池的储能密度(200 ~ 600 KJ/kg)要小得多，于是，格罗斯曼团队又将二钌富瓦烯这种材料的工作过程与数据库中的数百万已知分子进行对比，最终找到了结构相同、且表现出同样光反应行为的储存偶氮苯化合物，并从偶氮苯化合物的顺反异构化性能和储能特性等出发展开实验研究。

光电化学电池，利用半导体—液体结制成的电池。光电化学电池一般分为电化学光伏电池、光电解电池和光催化电池三类。

(1)电化学光伏电池:电解液中只含一种氧化还原物质，电池反应为阳、阴极上进行的氧化还原可逆反应，光照后电池向外界负载提供电能，电解液不发生化学变化，其自由能变化等于零。

(2)光电解电池:电解液中存在两种氧化还原离子，光照后发生化学变化，其净反应的自由能变化为正，光能有效地转换为化学能。

(3)光催化电池:光照后电解液发生化学变化，其净反应的自由能变化为负，光能提供进行化学反应所需的活化能。

光电化学电池具有液相组分，因此又可制成直接储能的光电化学蓄电池，成为一种既能转换太阳光能又能进行能量储存的多途径转换太阳能的光电化学器件，而且半导体在电解液中界面液体结容易形成，可以广泛应用多晶、薄膜型半导体材料，因而具有制作工艺简便、价格低廉等特点。

（六）太阳能利用前景

无论从世界还是从中国来看，常规能源都是很有限的。中国的一次能源储量远远低于世界的平均水平，大约只有世界总储量的10%。太阳能是人类取之不尽用之不竭的可再生能源，具有充分的清洁性、绝对的安全性、相对的广泛性、确实的长寿命和免维护性、资源的充足性及潜在的经济性等优点，在长期的能源战略中具有重要地位。

太阳能电池用光伏材料主要有以下几种：

(1)单晶硅。大规模生产转化率：19.8%～21%；大多在17.5%。目前来看，再提高效率超过30%以上的技术突破可能性较小。

(2)多晶硅。大规模生产转化率：18%～18.5%；大多在16%。和单晶硅一样，因材料物理性能限制，要达到30%以上的转化率的可能性较小。

(3)砷化镓。砷化镓太阳能电池组的转化率比较高，约23%。但是价格昂贵，多用于航空航天等重要地方。基本没有规模化产业化的实用价值。

(4)薄膜。薄膜光伏电池具有轻薄、质轻、柔性好等优势，应

用范围非常广泛，尤其适合用在光伏建筑一体化之中。如果薄膜电池组件效率与晶硅电池相差无几，其性价比将是无可比拟的。在柔性衬底上制备的薄膜电池，具有可卷曲折叠、不拍摔碰、重量轻、弱光性能好等优势，将来的应用前景将会更加广阔。

目前，非晶硅薄膜转化率9%左右。非晶硅的转化率却有希望提升得更高。

晶硅光伏组件安装后，暴晒50～100天，效率衰减2～3%，此后衰减幅度大幅减缓并稳定在每年衰减0.5～0.8%，20年衰减约20%。单晶组件衰减要约少于多晶组件。非晶光做组件的衰减约低于晶硅。

因此，提升转化率、降低每瓦成本仍将是光伏未来发展的两大主题。无论是哪种方式，大规模应用如果能够将转化率提升到30%，成本在每千瓦五千元以下（和水电相平），那么人类将在核聚变发电研究成功之前得到最为广泛、最清洁、最廉价的几乎无限的可靠新能源。

1954年，美国科学家恰宾和皮尔松在美国贝尔实验室首次制成了实用的单晶硅太阳电池，诞生了将太阳光能转换为电能的实用光伏发电技术。

20世纪70年代后，随着现代工业的发展，全球能源危机和大气污染问题日益突出，传统的燃料能源正在一天天减少，对环境造成的危害日益突出，同时全球约有20亿人得不到正常的能源供应。这个时候，全世界都把目光投向了可再生能源，希望可再生能源能够改变人类的能源结构，维持长远的可持续发展。

太阳能以其独有的优势而成为人们重视的焦点。丰富的太阳辐射能是重要的能源，是取之不尽、用之不竭的、无污染、廉价、人类能够自由利用的能源。太阳能每秒钟到达地面的能量高达80万千瓦时，假如把地球表面0.1%的太阳能转为电能，转变率

5%，每年发电量可达5.6×10^{12}千瓦小时，相当于世界上能耗的40倍。正是由于太阳能的这些独特优势，20世纪80年代后，太阳能电池的种类不断增多、应用范围日益广阔、市场规模也逐步扩大。

20世纪90年代后，光伏发电快速发展，到2006年，世界上已经建成了10多座兆瓦级光伏发电系统，6个兆瓦级的联网光伏电站。美国是最早制定光伏发电的发展规划的国家。1997年又提出"百万屋顶"计划。日本1992年启动了新阳光计划，到2003年日本光伏组件生产占世界的50%，世界前10大厂商有4家在日本。而德国新可再生能源法规定了光伏发电上网电价，大大推动了光伏市场和产业发展，使德国成为继日本之后世界光伏发电发展最快的国家。瑞士、法国、意大利、西班牙、芬兰等国，也纷纷制定光伏发展计划，并投巨资进行技术开发和加速工业化进程。

世界光伏组件在1990～2005年年平均增长率约15%。20世纪90年代后期，发展更加迅速，1999年光伏组件生产达到200兆瓦。商品化电池效率从10%～13%提高到13%～15%，生产规模从1～5兆瓦/年发展到5～25兆瓦/年，并正在向50兆瓦/年甚至100兆瓦/年扩大。光伏组件的生产成本降到3美元/瓦以下。

2011年，全球光伏新增装机容量约为27.5GW，较上年的18.1GW相比，涨幅高达52%，全球累计安装量超过67GW。全球近28GW的总装机量中，有将近20GW的系统安装于欧洲，但增速相对放缓，其中意大利和德国市场占全球装机增长量的55%，分别为7.6GW和7.5GW。2011年以中日印为代表的亚太地区光伏产业市场需求同比增长129%，其装机量分别为2.2GW、1.1GW和350MW。此外，在日趋成熟的北美市场，新增安装量约2.1GW，增幅高达84%。

其中中国是全球光伏发电安装量增长最快的国家，2011年的光伏发电安装量比2010年增长了约5倍，2011年电池产量达到

20GW，约占全球的65%。截至2011年底，中国共有电池企业约115家，总产能为36.5GW左右。其中产能1GW以上的企业共14家，占总产能的53%；在100MW和1GW之间的企业共63家，占总产能的43%；剩余的38家产能皆在100MW以内，仅占全国总产能的4%。规模、技术、成本的差异化竞争格局逐渐明晰。国内前十家组件生产商的出货量占到电池总产量的60%。

在今后的十几年中，中国光伏发电的市场将会由独立发电系统转向并网发电系统，包括沙漠电站和城市屋顶发电系统。中国太阳能光伏发电站潜力巨大，配合积极稳定的政策扶持，到2030年光伏装机容量将达1亿千瓦，年发电量可达1 300亿千瓦时，相当于少建30多个大型煤电厂。国家未来三年将投资200亿补贴光伏业，中国太阳能光伏发电又迎来了新一轮的快速增长，并吸引了更多的战略投资者融入到这个行业中来。

2015年上半年，全国累计光伏发电量190亿千瓦时。

2015年9月7日，江苏省首个供电所光伏发电项目在南京市浦口区正式并网运行，农村居民也用上了“绿色电”。接下来光伏发电项目将在农村变电所推广。

2015年11月，安徽省来安县全面启动乡村光伏发电项目，11个美好乡村“空壳村”装机容量为60KW以上的光伏电站进入招标程序。据初步估算，并网发电后各村每年能提供72 000KWh清洁电能，村级集体经济能增收5万元以上。

2015年上半年，全国新增光伏发电装机容量773万千瓦，截至2015年6月底，全国光伏发电装机容量达到3 578万千瓦。

自2013年起，光伏发电连续3年新增装机容量超过1 000万千瓦；截至2015年底，光伏发电累计装机容量达到约4 300万千瓦，超过德国成为全球第一。此外，光伏产业正发力“走出去”。国家能源局数据显示，2015年光伏电池及组件出口量达到2 500

万千瓦以上，出口额达到144亿美元。

光伏发电按发电形式可分为独立光伏发电、并网光伏发电和分布式光伏发电。

独立光伏发电也叫离网光伏发电。主要由太阳能电池组件、控制器、蓄电池组成，若要为交流负载供电，还需要配置交流逆变器。独立光伏电站包括边远地区的村庄供电系统，太阳能户用电源系统，通信信号电源、阴极保护、太阳能路灯等各种带有蓄电池的可以独立运行的光伏发电系统。

并网光伏发电就是太阳能组件产生的直流电经过并网逆变器转换成符合市电电网要求的交流电之后直接接入公共电网。

带有蓄电池的并网发电系统具有可调度性，可以根据需要并入或退出电网，还具有备用电源的功能，当电网因故停电时可紧急供电。带有蓄电池的光伏并网发电系统常常安装在居民建筑；不带蓄电池的光伏并网发电系统不具备可调度性和备用电源的功能，一般安装在较大型的系统上。

并网光伏发电有集中式大型并网光伏电站一般都是国家级电站，主要特点是将所发电能直接输送到电网，由电网统一调配向用户供电。但这种电站投资大、建设周期长、占地面积大，还没有太大发展。而分散式小型并网光伏，特别是光伏建筑一体化光伏发电，具有投资小、建设快、占地面积小、政策支持力度大等优点。

分布式光伏发电系统，又称分散式发电或分布式供能，是指在用户现场或靠近用电现场配置较小的光伏发电供电系统，以满足特定用户的需求，支持现存配电网的经济运行，或者同时满足这两个方面的要求。

分布式光伏发电系统的基本设备包括光伏电池组件、光伏方阵支架、直流汇流箱、直流配电柜、并网逆变器、交流配电柜等设

备，另外还有供电系统监控装置和环境监测装置。其运行模式是在有太阳辐射的条件下，光伏发电系统的太阳能电池组件阵列将太阳能转换输出的电能，经过直流汇流箱集中送入直流配电柜，由并网逆变器逆变成交流电供给建筑自身负载，多余或不足的电力通过联接电网来调节。

光伏发电系统是由太阳能电池方阵、蓄电池组、充放电控制器、逆变器、交流配电柜、太阳跟踪控制系统等设备组成。其部分设备的作用是：

(1)电池方阵。在有光照(无论是太阳光，还是其他发光体产生的光照)情况下，电池吸收光能，电池两端出现异号电荷的积累，即产生"光生电压"，这就是"光生伏特效应"。在光生伏特效应的作用下，太阳能电池的两端产生电动势，将光能转换成电能，是能量转换的器件。太阳能电池一般为硅电池，分为单晶硅太阳能电池、多晶硅太阳能电池和非晶硅太阳能电池三种。

(2)蓄电池组。其作用是贮存太阳能电池方阵受光照时发出的电能并可随时向负载供电。太阳能电池发电对所用蓄电池组的基本要求是：自放电率低、使用寿命长、深放电能力强、充电效率高、少维护或免维护、工作温度范围宽、价格低廉。

(3)充放电控制器。是能自动防止蓄电池过充电和过放电的设备。由于蓄电池的循环充放电次数及放电深度是决定蓄电池使用寿命的重要因素，因此能控制蓄电池组过充电或过放电的充放电控制器是必不可少的设备。

(4)逆变器。是将直流电转换成交流电的设备。由于太阳能电池和蓄电池是直流电源，而负载是交流负载时，逆变器是必不可少的。逆变器按运行方式，可分为独立运行逆变器和并网逆变器。独立运行逆变器用于独立运行的太阳能电池发电系统，为独立负载供电。并网逆变器用于并网运行的太阳能电池发电系统。

逆变器按输出波形可分为方波逆变器和正弦波逆变器。方波逆变器电路简单，造价低，但谐波分量大，一般用于几百瓦以下和对谐波要求不高的系统。正弦波逆变器成本高，但可以适用于各种负载。

(5)太阳跟踪控制系统。由于相对于某一个固定地点的太阳能光伏发电系统，一年春夏秋冬四季、每天日升日落，太阳的光照角度时时刻刻都在变化，如果太阳能电池板能够时刻正对太阳，发电效率才会达到最佳状态。

世界上通用的太阳跟踪控制系统都需要根据安放点的经纬度等信息计算一年中的每一天的不同时刻太阳所在的角度，将一年中每个时刻的太阳位置存储到PLC、单片机或电脑软件中，也就是靠计算太阳位置以实现跟踪。采用的是电脑数据理论，需要地球经纬度地区的的数据和设定，一旦安装，就不便移动或装拆，每次移动完就必须重新设定数据和调整各个参数；原理、电路、技术、设备复杂，非专业人士不能够随便操作。把加装了智能太阳跟踪仪的太阳能发电系统安装在高速行驶的汽车、火车，以及通信应急车、特种军用汽车、军舰或轮船上，不论系统向何方行驶、如何调头、拐弯，智能太阳跟踪仪都能保证设备的要求跟踪部位正对太阳！

过去5年，光伏发电的成本已下降了三分之一，在南美等国光伏发电已经与零售电价持平，甚至是低于零售电价，未来光伏发电的成本还将进一步凸显。其次，火力发电会带来极高的环境治理成本，二十次的巴黎气候峰会便是引导各国积极启动碳交易市场定价机制，由此给高耗能企业带来的成本增加则显而易见，因此从这个角度而言煤炭发电成本将高于光伏发电。

投资成本降至8元/瓦以下，度电成本降至0.6~0.9元/千瓦

时。

太阳能光伏发电站应用的领域主要有以下几个方面：

(1)用户太阳能电源。小型电源10～100W不等，用于边远无电地区如高原、海岛、牧区、边防哨所等军民生活用电（如照明、电视、收录机等）；3～5KW家庭屋顶并网发电系统；光伏水泵，解决无电地区的深水井饮用、灌溉。

(2)交通领域如航标灯、交通/铁路信号灯、交通警示/标志灯、宇翔路灯、高空障碍灯、高速公路/铁路无线电话亭、无人值守道班供电等。

(3)通信领域：太阳能无人值守微波中继站、光缆维护站、广播/通信/寻呼电源系统；农村载波电话光伏系统、小型通信机、士兵GPS供电等。

(4)石油、海洋、气象领域：石油管道和水库闸门阴极保护太阳能电源系统、石油钻井平台生活及应急电源、海洋检测设备、气象/水文观测设备等。

(5)家庭灯具电源：如庭院灯、路灯、手提灯、野营灯、登山灯、垂钓灯、黑光灯、割胶灯、节能灯等。

(6)光伏电站：10KW～50MW独立光伏电站、风光（柴）互补电站、各种大型停车厂充电站等。

(7)太阳能建筑将太阳能发电与建筑材料相结合，使得未来的大型建筑实现电力自给，是未来一大发展方向。

(8)其他领域：太阳能汽车、电动车、电池充电设备、汽车空调、换气扇、冷饮箱等；太阳能制氢加燃料电池的再生发电系统；海水淡化设备供电；卫星、航天器、空间太阳能电站等。

（七）化学分析的重要手段——光谱仪

在空气污染、水污染、食品卫生、金属工业等的检测中，光谱仪是重要的检测仪器之一。

光谱仪又称分光仪，广泛而认知的为直读光谱仪。以光电倍增管等光探测器测量谱线不同波长位置强度的装置。它由一个入射狭缝、一个色散系统、一个成像系统和一个或多个出射狭缝组成。以色散元件将辐射源的电磁辐射分离出所需要的波长或波长区域，并在选定的波长上（或扫描某一波段）进行强度测定。

光谱仪（Spectroscope）是将成分复杂的光分解为光谱线的科学仪器，由棱镜或衍射光栅等构成，利用光谱仪可测量物体表面反射的光线。阳光中的七色光是肉眼能分的部分(可见光)，但若通过光谱仪将阳光分解，按波长排列，可见光只占光谱中很小的范围，其余都是肉眼无法分辨的光谱，如红外线、微波、紫外线、X射线等。通过光谱仪对光信息的抓取，以照相底片显影，或电脑化自动显示数值仪器显示和分析，从而测知物品中含有何种元素。

光谱仪有多种类型，除在可见光波段使用的光谱仪外，还有红外光谱仪和紫外光谱仪。按色散元件的不同可分为棱镜光谱仪、光栅光谱仪和干涉光谱仪等。按探测方法分，有直接用眼观察的分光镜、用感光片记录的摄谱仪、以及用光电或热电元件探测光谱的分光光度计等。单色仪是通过狭缝只输出单色谱线的光谱仪器，常与其他分析仪器配合使用。

表征光谱仪基本特性的参量有光谱范围、色散率、带宽和分辨本领等。基于干涉原理设计的光谱仪（如法布里—珀罗干涉仪、

傅立叶变换光谱仪)具有很高的色散率和分辨本领,常用于光谱精细结构的分析。

根据现代光谱仪器的工作原理,光谱仪可以分为两大类:经典光谱仪和新型光谱仪。经典光谱仪器是建立在空间色散原理上的仪器;新型光谱仪器是建立在调制原理上的仪器。经典光谱仪器都是狭缝光谱仪器。调制光谱仪是非空间分光的,它采用圆孔进光。

根据色散组件的分光原理,光谱仪器可分为:棱镜光谱仪,衍射光栅光谱仪和干涉光谱仪。

光学多道分析仪OMA (Optical Multi-channel Analyzer)是近十几年出现的采用光子探测器(CCD)和计算机控制的新型光谱分析仪器,它集信息采集、处理、存储诸功能于一体。由于OMA不再使用感光乳胶,避免和省去了暗室处理以及之后的一系列繁琐处理、测量工作,使传统的光谱技术发生了根本的改变,大大改善了工作条件,提高了工作效率;使用OMA分析光谱,测量准确迅速,方便,且灵敏度高,响应时间快,光谱分辨率高,测量结果可立即从显示屏上读出或由打印机、绘图仪输出。它已被广泛使用于几乎所有的光谱测量、分析及研究工作中,特别适应于对微弱信号、瞬变信号的检测。

光谱仪应用很广,在农业、天文、汽车、生物、化学、镀膜、色度计量、环境检测、薄膜工业、食品、印刷、造纸、拉曼光谱、半导体工业、成分检测、颜色混合及匹配、生物医学应用、荧光测量、宝石成分检测、氧浓度传感器、真空室镀膜过程监控、薄膜厚度测量、LED测量、发射光谱测量、紫外/可见吸收光谱测量、颜色测量等领域应用广泛。